Wissenschaftliche Taschenbücher WTB

Mathematik · Physik

Christian Edelmann

Druckmessung und Druckerzeugung

Akademie-Verlag · Berlin

V. S. Letochow
Laserspektroskopie

Wolfgang Meiling
Digitalrechner
in der elektronischen Meßtechnik
Teil 1: Meßmethodik
Teil 2: Gerätetechnik
und Anwendungen

Dieter Michel
Grundlagen und Methoden
der kernmagnetischen Resonanz

L. I. Miroschnitschenko
Kosmische Strahlung
im interplanetaren Raum

Gernot Neugebauer
Relativistische Thermodynamik

Peter Paufler
Phasendiagramme

Ulrich Röseberg
Quantenmechanik und Philosophie

Albrecht Rost
Messung
dielektrischer Stoffeigenschaften

J. V. Sačkov
Wahrscheinlichkeit und Struktur

E. M. Sawizki
Perspektiven der Metallforschung

Wolfgang Schäfer
Theoretische Grundlagen
der Stabilität technischer Systeme

Ernst Schmutzer
Symmetrien und Erhaltungssätze
der Physik

Volkmar Schuricht
Kernexplosionen für friedliche Zwecke

Hubertus Stolz
Supraleitung

Festkörperphysik
Entwicklungstendenzen und
Anwendungsmöglichkeiten

Die Schöpfer der physikalischen Optik
Eine Artikelsammlung

Hans-Georg Schöpf
Von Kirchhoff bis Planck

Horst Melcher
Albert Einstein wider Vorurteile
und Denkgewohnheiten

Renate Wahsner
Mensch und Kosmos
Die copernicanische Wende

Helmut Friemel / Josef Brock
Grundlagen der Immunologie

Eberhard Hofmann
Funktionelle Biochemie des Menschen
Band 1 und 2

Lothar Jäger
Grundlagen
der Klinischen Immunologie

Karlheinz Lohs
Dieter Martinetz
Entgiftung — Mittel, Methoden
und Probleme

Joachim Nitschmann
Entwicklung bei Mensch und Tier

Stephan Schnitzler
Pharmakologische Aspekte
von Immunreaktionen

Dieter Spaar
Helmut Kleinhempel
Hans Joachim Müller
Klaus Naumann
Bakteriosen der Kulturpflanzen

Eberhard Teuscher
Pharmakognosie
Teil I—III

HEINRICH BREMER
KLAUS-PETER WENDLANDT
Heterogene Katalyse

FALKO H. HERRMANN
MARTINA CH. HERRMANN
Das Hämoglobin des Menschen

HELMUT HRAPIA
Einführung in die Chromatographie

HANS LUPPA
Grundlagen der Histochemie
Teil I und II

HASSO MEINERT
Fluorchemie

DIETER ONKEN
Antibiotika – Chemie und Anwendung

HORST REMANE / RAINER HERZSCHUH
Massenspektrometrie in der organischen Chemie

KURT SCHWABE
pH-Messung

Vorschau auf die nächsten Bände:

ROLAND GLASER
Grundriß der Biomechanik

PETER HELLMOLD
Hochtemperaturreaktionen

EBERHARD JÄGER / ROLF PERTHEL
Magnetische Eigenschaften von Festkörpern

KLAUS-DIETER JENTZSCH
Regulation des Wachstums und der Zellvermehrung

WERNER SCHOENBORN
KLAUS FRITZSCH / GERD STANKE
Lernverfahren für technische Systeme

DIETRICH STOYAN / JOSEPH MECKE
Stochastische Geometrie

WTB

BAND 281

Christian Edelmann

Druckmessung und Druckerzeugung

Mit 87 Abbildungen und 10 Tabellen

AKADEMIE-VERLAG · BERLIN

Reihe MATHEMATIK UND PHYSIK

Herausgeber:

Prof. Dr. phil. habil. W. Holzmüller, Leipzig
Prof. Dr. phil. habil. A. Lösche, Leipzig
Prof. Dr. phil. habil. H. Reichardt, Berlin
Prof. Dr. rer. nat. habil. H.-J. Treder, Potsdam

Verantwortlicher Herausgeber dieses Bandes:

Dozent Dr. sc. Hans Neumann, Leipzig

Verfasser:

Dozent Dr. sc. Christian Edelmann

Sektion Physik der Technischen Universität Dresden

1982
Erschienen im Akademie-Verlag,
DDR-1086 Berlin, Leipziger Str. 3—4
Lektor: Dipl.-Phys. Ursula Heilmann

Lizenznummer: 202 · 100/504/82
Gesamtherstellung: VEB Druckhaus „Maxim Gorki",
7400 Altenburg
Bestellnummer: 763 040 5 (7281) · LSV 1124
Printed in GDR
DDR 8,— M
ISSN 0084-098X

Vorwort

Die Vakuumtechnik spielt nicht nur in der wissenschaftlichen Forschung, sondern auch in den verschiedensten Bereichen der Industrie eine sehr große Rolle. Es ist deshalb nicht verwunderlich, daß es einmal eine ganze Reihe von zum Teil sehr umfangreichen monographischen Darstellungen zu diesem Gebiet gibt, zum anderen aber auch in den einschlägigen Fachzeitschriften ständig über Neu- und Weiterentwicklungen sowie über die Erschließung neuer Einsatzbereiche der Vakuumtechnik berichtet wird. Dagegen gibt es keine neueren Bücher mit einführendem Charakter, die den heutigen Stand der Vakuumtechnik repräsentieren und die für eine Einarbeitung in dieses Gebiet oder für Ausbildungszwecke geeignet wären. Ausgehend von dieser Situation wurde mit dem vorliegenden Buch der Versuch unternommen, das sehr umfangreiche Gebiet der Vakuumtechnik unter bewußtem Verzicht auf Vollständigkeit so darzustellen, daß ausgehend von den für die Vakuumtechnik entscheidenden physikalischen Gesetzmäßigkeiten das Prinzip der einzelnen Verfahren für die Vakuummessung und Vakuumerzeugung erklärt und an herausgegriffenen Einzelbeispielen erläutert wird, um auf diese Weise die Grundkenntnisse zu vermitteln, die für ein tieferes Eindringen in die Spezialliteratur erforderlich sind. Um den Bereich der Druckmessung und Druckerzeugung zu vervollständigen, wird auch auf die mit der Erzeugung und Messung hoher Drücke zusammenhängenden Probleme in knapper Form eingegangen.

Das Buch wendet sich vor allem an den in der Ausbildung befindlichen Physiker, kann aber auch jedem anderen interessierten Leser empfohlen werden, der sich aus dem einen oder anderen Grunde in die behandelte Problematik einarbeiten muß.

Leipzig, Mai 1981 Der Herausgeber

Inhaltsverzeichnis

1.	**Einleitung**	9
2.	**Maßeinheiten**	12
3.	**Erzeugung und Messung kleiner Drücke**	15
3.1.	Thermodynamische Beschreibung eines idealen Gases	15
3.2.	Reale Gase und Dämpfe	16
3.3.	Die Beschreibung eines Gases durch die kinetische Gastheorie	19
3.4.	Transportvorgänge in Gasen	27
3.5.	Ad- und Desorption, Permeation und Gasabgabe	32
3.5.1.	Definitionen	32
3.5.2.	Energetik der Adsorption	32
3.5.3.	Kinetik der Ad- und Desorption	38
3.5.4.	Adsorptionsgleichgewichte	46
3.5.5.	Gasabgabe	48
3.5.6.	Permeation	49
3.6.	Totaldruckmeßgeräte	50
3.6.1.	Mechanische Totaldruckmeßgeräte	50
3.6.2.	Wärmeleitungsmanometer	59
3.6.3.	Reibungsmanometer	63
3.6.4.	Radiometermanometer	63
3.6.5.	Ionisationsmanometer	66
3.6.5.1.	Glühkatoden-Ionisationsmanometer	66
3.6.5.2.	Kaltkatoden-Ionisationsmanometer	83
3.6.6.	Einsatzbereich von Totaldruckmeßgeräten	91
3.7.	Partialdruckmeßgeräte	91
3.7.1.	Prinzipieller Aufbau	91
3.7.2.	Kenngrößen eines Massenspektrometers	94
3.7.3.	Statische Massenspektrometer	97
3.7.4.	Dynamische Massenspektrometer	100

3.7.5. Massenspektrometer mit elektrischen Querfeldern . . . 105
3.7.6. Probleme bei der Auswertung der Massenspektren . . . 110
3.8. Vakuumerzeugung . . . 111
3.8.1. Strömungsvorgänge in Vakuumanlagen . . . 111
3.8.2. Verdrängerpumpen . . . 116
3.8.3. Treibmittelpumpen . . . 123
3.8.4. Molekularpumpen und Turbomolekularpumpen . . . 129
3.8.5. Speicherpumpen . . . 131
3.8.6. Zubehör zu Vakuumpumpen . . . 143
3.8.7. Kombination von Vakuumpumpen . . . 145
3.8.8. Verbindung von Vakuumbauelementen . . . 147
3.8.9. Technologien zum Erzeugen von Hoch-, Ultrahoch- und treibmitteldampffreiem Vakuum . . . 148
3.9. Lecksuche . . . 149
3.9.1. Dichtheitsproben, Bestimmen der Leckrate . . . 149
3.9.2. Überdrucklecksuche . . . 151
3.9.3. Lecksuche mit Massenspektrometern und Halogenlecksucher . . . 153
3.9.4. Einsatz von Totaldruckmeßgeräten zur Lecksuche . . . 156

4. Erzeugung und Messung hoher Drücke . . . 158

4.1. Vorbemerkungen . . . 158
4.2. Erzeugung hoher Drücke mit flüssigen Druckübertragern . . . 161
4.3. Erzeugung hoher Drücke mit festen Druckübertragern . . . 165
4.4. Erzeugung hoher dynamischer Drücke . . . 168
4.5. Messung hoher Drücke . . . 168

Literaturverzeichnis . . . 174

Sachverzeichnis . . . 176

1. Einleitung

Die physikalische Größe Druck ist eine der vielen nichtelektrischen Größen, die der Physiker messen muß. Während der Druckbereich in der Nähe des Atmosphärendruckes meßtechnisch gut beherrscht wird — hierfür gibt es ein breites Sortiment kommerzieller Meßgeräte —, erfordern die extremen Bereiche, also die besonders kleinen und die besonders hohen Drücke, etwas größeren meßtechnischen Aufwand.

Der unterhalb des Atmosphärendruckes liegende Druckbereich wird üblicherweise als „Vakuum" bezeichnet. Gemäß TGL 26-1011 (vgl. auch [1]) gilt die folgende Definition: „Vakuum ist der Zustand in einem gas- und/oder dampferfüllten Raum bei Drücken unterhalb des Atmosphärendruckes." Die obere Grenze dieses Bereiches ist nicht eindeutig definiert, sie hängt von der momentanen Größe des uns umgebenden Atmosphärendruckes ab. Dieser liegt in der Größenordnung von 10^5 Pa. Die kleinsten, gemessenen Druckwerte liegen in der Größenordnung von 10^{-11} Pa bis 10^{-12} Pa. Der als Vakuum bezeichnete Druckbereich ist in unserem Jahrhundert auf die verschiedenste Art sowohl technisch als auch physikalisch interessant geworden. (Eine ausführliche Darstellung industrieller Anwendungen findet sich z. B. in [2]). Die durch die Druckdifferenz zwischen der evakuierten Seite und der Atmosphärenseite entstehende Kraftwirkung nutzt man zum Anheben flacher Gegenstände aus: zum Beispiel werden Beton- oder Steinplatten beim Straßenbau, Papierbögen bei Druckmaschinen oder Röhrenkolben in der Fernsehröhrenfertigung durch Vakuumheber transportiert oder gehalten. Durch die Erniedrigung des Druckes sinkt der Siedepunkt von Flüssigkeiten. Wasser kann bei Temperaturen unterhalb des Schmelzpunktes verdampfen (sublimieren), wenn der Druck hinreichend niedrig ist.

Auf diesem Prinzip basiert die schonende Trocknung organischer Substanzen (Blutplasmagewinnung, Herstellung von Pharmazeutika, Gefriertrocknung von Lebensmitteln), ohne daß dabei chemische Verbindungen (beispielsweise Bluteiweiß, Hämoglobin, Vitamine oder Aromastoffe) zerstört werden. Bei verringertem Druck laufen chemische Reaktionen viel langsamer ab als bei normalem Atmosphärendruck, Reaktionsgleichgewichte zwischen dem Gas und anderen Substanzen können mit sinkendem Druck verschoben werden:

– Wolframwendeln haben eine längere Lebensdauer, wenn man sie unter Vakuum glüht. Bei normalem Luftdruck würden sie oxydieren und sofort durchbrennen.
– Reaktive Metalle können nur unter Vakuum geschmolzen und verarbeitet werden (z. B. Titan).
– Unter Vakuum geschmolzener Stahl enthält weniger Oxide und Nitride als der unter normaler Atmosphäre geschmolzene. Durch die Technologie des Vakuumschmelzens werden die Eigenschaften des Stahls stark verändert. Zum Beispiel zeigen Kugellager aus Vakuumstahl eine zehnmal größere Standfestigkeit als Lager aus normalem Stahl bei gleicher Belastung. Während bei normalem Stahl häufig Gasblasen (Lunker) in das Material eingeschlossen sind und Anlaß zu Störungen der verschiedensten Arten geben können, ist vakuumgeschmolzener oder -gegossener Stahl nahezu lunkerfrei.
– Dampft man Metalle oder Halbleiter auf irgendwelche Unterlagen auf, dann würden bei hohem Gasdruck die Gasteilchen mit in die Schicht eingebaut werden oder mit den Atomen des Metalls oder Halbleiters reagieren (z. B. Oxid- oder Nitridbildung). Um dies

zu vermeiden, werden die Auftragungsprozesse im allgemeinen unter Vakuum durchgeführt. Sie finden Anwendung in der optischen Industrie (Herstellung von reflexionsvermindernden Schichten (T-Belag), Fertigung von Interferenzfiltern, Oberflächenspiegeln, Absorptionsschichten usw.), in der Mikroelektronik (Herstellung und Strukturierung von Halbleiter-, Isolator-, Widerstands- und Kontaktschichten) und in der Metallurgie (Aluminiumbeschichtung von Eisenbändern als Korrossionsschutz), in der Glasindustrie (Herstellung von Thermoflexglas), in der Textilindustrie (Metallisieren von Geweben) und in der Kunststoffindustrie (Effektbedampfung von Kunststoffen).

Bei Elektronen- und Ionenstrahlen erleiden die Ladungsträger im Falle des Zusammenstoßes mit Gasteilchen Energieverluste und Richtungsänderungen, die sich auf die Funktion vieler physikalischer Geräte störend auswirken. Deshalb erfordert der Betrieb von Elektronenstrahlgeräten (z. B. Elektronenröhren aller Art, aber auch Röntgenröhren, Elektronenmikroskope oder Elektronenbeschleuniger) und Ionenstrahlgeräte (z. B. Beschleuniger und Generatoren für alle Arten von Ionen; Massenspektrometer und Ionenstrahlsonden) niedrige Drücke, also Vakuum.

Kosmische Flugkörper mit allen ihren Einrichtungen (Triebwerke, Steuerorgane und Meßgeräte) müssen unter Weltraumbedingungen sehr sorgfältig getestet werden, ehe man diese starten kann. In Weltraumsimulatoren — Vakuumkammern von gigantischer Größe — werden die Weltraumbedingungen (Vakuum, Kälte, Hitze) für diese Testzwecke nachgeahmt.

Bei einem Druck von 10^{-4} Pa bedeckt sich eine saubere Metalloberfläche innerhalb von ca. 1 s mit einer monomolekularen Adsorbatschicht. Die Untersuchung reiner Oberflächen ist dadurch bei normalem Druck oder auch noch bei Druckwerten von 10^{-4} Pa unmöglich. Erst bei

Druckwerten unterhalb von 10^{-8} Pa hat man ausreichend Zeit, die reine Oberfläche zu studieren.

Die Zahl der physikalisch interessanten oder technisch wichtigen Anwendungsbeispiele ließe sich beliebig erweitern. Sie zeigt, daß die Vakuumtechnik in nahezu alle Zweige der Technik Einzug gehalten hat. Deshalb besitzen hochentwickelte Industriestaaten eine leistungsfähige Vakuumindustrie, die Bauelemente und Anlagen für die verschiedensten Anwendungen herstellt.

In der Hochdrucktechnik interessiert man sich für Druckwerte, die oberhalb von 10^5 Pa liegen. Sowohl für die einseitig wirkenden als auch für die allseitig wirkenden (hydrostatischen oder quasi-hydrostatischen) hohen Drücke läßt sich ebenso wie bei den niedrigen Drücken ein breites Spektrum von Anwendungen in der Grundlagenforschung und in der Technik angeben. Dies soll an späterer Stelle (Kap. 4) nachgeholt werden.

2. Maßeinheiten

In der DDR ist das internationale Einheitensystem (SI)[1]) das gesetzliche System der Einheiten physikalischer Größen und in der Tafel der gesetzlichen Einheiten sowie in der TGL 31548 gesetzlich verankert.
Die Basiseinheiten des SI sind:

für die Länge	das Meter (m)
für die Masse	das Kilogramm (kg)
für die Zeit	die Sekunde (s)
für die elektrische Stromstärke	das Ampere (A)
für die (thermodynamische) Temperatur	das Kelvin (K)

[1]) Die Abkürzung SI wurde als internationale Abkürzung für das „Internationale Einheitensystem" auf der Generalkonferenz für Maße und Gewichte 1960 angenommen.

für die Stoffmenge	das Mol (mol)
für die Lichtstärke	die Candela (cd).

Alle anderen Maßeinheiten lassen sich aus diesen Basiseinheiten herleiten.

Auf Grund der genaueren Meßmethoden werden heute im Unterschied zu früheren Definitionen das Meter und die Sekunde durch spektroskopische Meßmethoden festgelegt:

Das Meter ist gleich 1650763,73 Vakuumwellenlängen der Strahlung, die dem Übergang zwischen den Niveaus 2 p_{10} und 5 d_5 des Atoms Krypton 86 entspricht.

Die Sekunde ist die Dauer von 9192631770 Perioden der Strahlung, die dem Übergang zwischen den beiden Hyperfeinstrukturniveaus des Grundzustandes des Atoms Caesium 133 entspricht.

Das Kilogramm ist gleich der Masse des internationalen Prototyps des Kilogramms gemäß den Festlegungen der 1. Generalkonferenz für Maß und Gewicht 1889 und der 3. Generalkonferenz für Maß und Gewicht 1901.

Ein Mol ist diejenige Stoffmenge, die die gleiche Teilchenzahl enthält wie Atome in 0,012 kg des Kohlenstoffisotops ^{12}C enthalten sind. Bei Verwendung der Größe Mol muß man die Art der Teilchen genau angeben (z. B. Atome oder Moleküle).

Wirken auf eine Fläche A entgegen der Flächennormalen sehr viele gleichgroße und gleichmäßig verteilte Einzelkräfte (= flächenhaft verteilte Kraft F), dann versteht man unter dem Druck p die auf die Flächeneinheit entfallene Kraft

$$p = F/A \qquad (2.1)$$

(F = Summe der Einzelkräfte, A = Gesamtfläche). (Bei ungleichmäßig verteilten Kräften oder bei gekrümmten Oberflächen ist ein hinreichend kleines Flächenelement ΔA zu benutzen.)

Tabelle 2.1

	1 Pa	1 bar	1 kp m^{-2}	1 kp cm^{-2}	1 m WS	1 atm	1 Torr	1 µ	1 inch Hg	1 lb/ sqft	1 lb sqinch
1 Pa = 1 Nm^{-2}	= 1	10^{-5}	1,0197 · 10^{-1}	1,0197 · 10^{-5}	1,0197 · 10^{-4}	0,9869 · 10^{-5}	7,5006 · 10^{-3}	7,5006	2,9533 · 10^{-4}	2,0887 · 10^{-2}	1,4504 · 10^{-4}
1 bar	= 10^{5}	1	1,0197 · 10^{4}	1,0197	1,0197 · 10	0,9869	7,5006 · 10^{2}	7,5006 · 10^{5}	2,9533 · 10	2,0887 · 10^{3}	1,4504 · 10
1 kp/m^2	= 0,9807 · 10	0,9807 · 10^{-4}	1	10^{-4}	10^{-3}	0,9678 · 10^{-4}	0,7356 · 10^{-1}	0,7356 · 10^{4}	2,8959 · 10^{3}	0,2048	1,4223 · 10^{-3}
1 kp cm^{-2} = 1 at	= 0,9807 · 10^{5}	0,9807	10^{4}	1	10	0,9678	0,7356 · 10^{3}	0,7356 · 10^{6}	2,8959 · 10	0,2048 · 10^{4}	1,4223 · 10
1 m WS	= 0,9807 · 10^{4}	0,9807 · 10^{-1}	10^{3}	10^{-1}	1	0,9678 · 10^{-1}	0,7356 · 10^{2}	0,7356 · 10^{5}	2,8959	2,0483 · 10^{2}	1,4223
1 atm	= 1,0133 · 10^{5}	1,0133	1,0332 10^{4}	1,0332	1,0332 · 10	1	0,7600 · 10^{3}	0,7600 · 10^{6}	2,992 · 10	2,1164 · 10^{3}	1,4696 · 10
1 Torr	= 1,3332 · 10^{2}	1,3332 · 10^{-3}	1,3595 · 10	1,3595 · 10^{-3}	1,3595 · 10^{-2}	1,3158 · 10^{-3}	1	10^{3}	3,937 · 10^{-2}	2,7847	1,9337 · 10^{-2}
1 µ	= 1,3332 · 10^{-1}	1,3332 · 10^{-6}	1,3595 · 10^{-2}	1,3595 · 10^{-6}	1,3595 · 10^{-5}	1,3158 · 10^{-6}	10^{-3}	1	3,937 · 10^{-5}	2,7847 · 10^{-3}	1,9337 · 10^{-5}
1 inch Hg = 1 Zoll Hg	= 3,386 · 10^{3}	3,386 · 10^{-2}	3,453 · 10^{2}	3,453 · 10^{-2}	3,453 · 10^{-1}	3,342 · 10^{-2}	2,54 · 10	2,54 · 10^{4}	1	7,0731 · 10^{4}	0,4912
1 lb/sqft	= 4,787 · 10	4,787 · 10^{-4}	4,882	4,882 · 10^{-4}	4,882 · 10^{-3}	4,725 · 10^{-4}	0,3591	3,591 · 10^{2}	1,4138 · 10^{-2}	1	6,9445 · 10^{-3}
1 lb/sq inch = 1 psi	= 6,8948 · 10^{3}	6,8948 · 10^{-2}	7,0307 · 10^{2}	7,0307 · 10^{-2}	7,0307 · 10^{-1}	0,6805 · 10^{-1}	0,5171 · 10^{2}	0,5171 · 10^{5}	2,0358	1,43997 · 10^{2}	1

Die Maßeinheit für den Druck ist das Pascal

$$1\ \mathrm{Pa} = 1\ \mathrm{N/m^2} = 1\ \mathrm{kg\ m^{-1}\ s^{-2}}.$$

Die früher benutzten Maßeinheiten Torr, bar, atm und at sind in Zukunft nicht mehr zu verwenden. Da nicht mehr zugelassene Maßeinheiten bei vielen älteren Meßgeräten auf die Skalen aufgedruckt sind und auch in der gesamten älteren Fachliteratur auftreten, sind sie in der nebenstehenden Tabelle 2.1 zusammengestellt. Diese Tabelle enthält auch die wichtigsten Maßeinheiten, die in der angelsächsischen Literatur zu finden sind.

3. Erzeugung und Messung kleiner Drücke

3.1. Thermodynamische Beschreibung eines idealen Gases

Bei vermindertem Druck kann man viele Gase als ideale Gase ansehen. Das bedeutet: Die Gasteilchen besitzen kein Eigenvolumen, sie üben keine Wechselwirkungskräfte aufeinander aus. (Das Wort „Gasteilchen" wird als Sammelbegriff für Atome und/oder Moleküle benutzt.) Das Verhalten der idealen Gase wird durch die Zustandsgleichung

$$pV = n\mathrm{R}T \tag{3.1}$$

beschrieben (p = Gasdruck, V = Volumen des Gases, n = Zahl der Mole, T = absolute Temperatur des Gases, R = Gaskonstante). Hierbei ist

$$\mathrm{R} = 8{,}3144\ \mathrm{J\ mol^{-1}\ K^{-1}}.$$

Für viele praktische Zwecke ist es günstig, R′ anzugeben in

$$\mathrm{R}' = 8\,314{,}4\ \frac{\mathrm{J}}{M_\mathrm{r}\ \mathrm{kg\ K}}$$

(M_r = relative Molekülmasse, früher Molekulargewicht genannt), wobei man dann (3.1) am besten in der Form

$$pV = m\mathrm{R}'T$$

(m = Masse des Gases) schreibt.

Bei bestimmten ausgezeichneten Zustandsänderungen ($\mathrm{d}p = 0$: isobar, $\mathrm{d}T = 0$: isotherm, $\mathrm{d}V = 0$: isochor, $\mathrm{d}Q = 0$: adiabatisch) vereinfacht sich die Zustandsgleichung (3.1) zu einer Beziehung zwischen zwei Größen.

3.2. Reale Gase und Dämpfe

In der Nähe des Kondensationspunktes darf man die Wechselwirkungskräfte zwischen den Gasteilchen und ihr Eigenvolumen nicht mehr vernachlässigen. Infolgedessen gilt (3.1) dann nicht mehr. Das Verhalten des Gases kann dann näherungsweise durch die Zustandsgleichung von van der Waals beschrieben werden:

$$\left(p + a\,\frac{m^2}{V^2}\right)(V - mb) = n\mathrm{R}T \tag{3.2}$$

(a und b sind Konstanten, am^2/V^2 berücksichtigt die anziehenden Kräfte zwischen den Gasteilchen und mb ihr Eigenvolumen). Abb. 3.1 zeigt das p-V-Diagramm eines Gases mit nur einer Atom- oder Molekülsorte. Die Kurven sind für konstante Temperaturen aufgetragen. Die Isotherme bei T_1 wurde nach Gl. (3.2.) berechnet. Experimentell beobachtet man jedoch in der Regel nicht das Maximum und das Minimum, sondern den (gestrichelt eingezeichneten) horizontalen Verlauf, der durch die Verflüssigung des Gases erklärt werden kann. Der Druck bleibt so lange konstant, bis das gesamte Gas verflüssigt ist. Dann erst steigt er wieder steil an.

Die Kurvenstücke oberhalb und unterhalb der horizontalen Geraden sind — sofern man sie experimentell überhaupt beobachten kann — instabil. Bei $T_2 = T_{kr}$

besitzt die Isotherme keine Extremwerte mehr, sondern nur noch einen Wendepunkt. Sie wird als kritische Isotherme bezeichnet. Bei Temperaturen oberhalb der kritischen Temperatur T_{kr} ist keine Kondensation mehr möglich. Mit steigender Temperatur entsprechen die

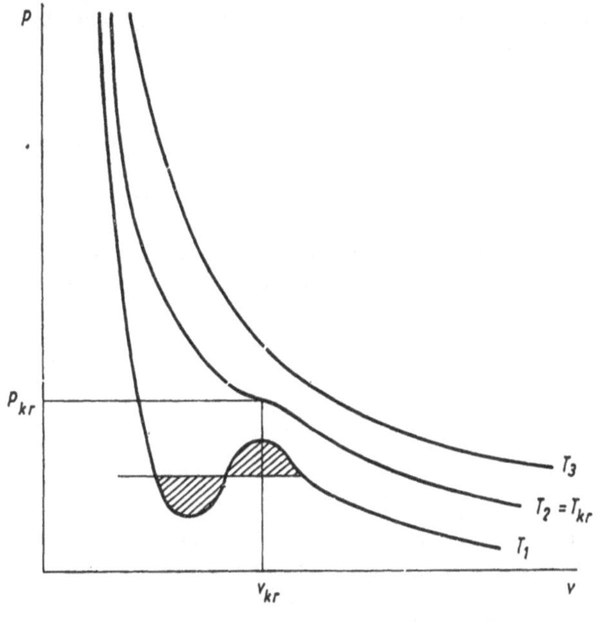

Abb. 3.1. Isothermen eines Gases (schematisch). $T_1 < T_2 < T_3$.

Isothermen immer mehr Gl. (3.1). Der Wendepunkt der kritischen Isotherme wird als kritischer Punkt bezeichnet. Im p-V-Diagramm wird er durch die Koordinaten p_{kr} (kritischer Druck) und V_{kr} (kritisches Volumen) festgelegt. Im kritischen Punkt sind beide Phasen (flüssige und gasförmige Phase) im Gleichgewicht. Bei den Phasenübergängen (zum Beispiel Verdampfen (= Übergang Flüssigkeit—Dampf) oder Sublimieren (= Übergang feste Phase—Dampf)) muß eine Umwandlungswärme aufgebracht werden, die bei isobarer Prozeßführung gleich der Enthalpieänderung ΔH ist. Die Abhängigkeit des Sättigungsdampfdruckes p_s von der Temperatur wird durch die Gleichung von CLAUSIUS-CLAPEYRON beschrieben, die aus der Gleichgewichtsbedingung zwischen gasförmiger und flüssiger bzw. fester Phase folgt

$$\frac{\mathrm{d}p_s}{\mathrm{d}T} = \frac{\Delta H}{T \Delta V} \tag{3.3}$$

(ΔV = Volumenänderung bei der Phasenumwandlung, ΔH = Enthalpieänderung). Aus dieser Gleichung ergibt sich unter der Annahme einer temperaturunabhängigen Enthalpieänderung und der näherungsweisen Gültigkeit von (3.1) für die gasförmige Phase die Dampfdruckformel

$$\lg p_s = - A/T + B \tag{3.4}$$

mit den Integrationskonstanten

$$A = \frac{\Delta H \lg \mathrm{e}}{n\mathrm{R}} \quad \text{und} \quad \mathrm{B} = \lg p_0 .$$

Die Umwandlungswärme ist eine Funktion der Temperatur, sie sinkt mit wachsender Temperatur und wird bei der kritischen Temperatur Null. Infolgedessen gilt (3.4) nur genähert. Sie läßt sich noch in der Form

$$p_s = p_0 \exp\left(- \Delta H / n\mathrm{R}T\right) \tag{3.5}$$

schreiben.

Die bisherigen Betrachtungen gelten für reine Substanzen. Bei Mischungen oder Lösungen zweier Substanzen 1 und 2 setzt sich der Sättigungsdampfdruck p_s additiv aus den Partialdrücken p_1 und p_2, die von diesen Substanzen herrühren, zusammen

$$p_s = p_1 + p_2 .$$

Die Partialdrücke p_1 und p_2 sind dabei stets kleiner als die Sättigungsdrücke p_{s1} und p_{s2} der reinen Substanzen. Die Erfahrung lehrt, daß die Abhängigkeit der Partialdrücke p_1 und p_2 von der Zusammensetzung der Mischung systemspezifisch recht unterschiedlich sein kann. Sie verhalten sich in der Regel nicht wie die Zusammensetzung des Bodenkörpers.

3.3. Die Beschreibung eines Gases durch die kinetische Gastheorie

Während die Thermodynamik die gesetzmäßigen und makroskopisch beobachteten Zusammenhänge zwischen den Änderungen der Zustandsgrößen (p, T, V) beschreibt, versucht die kinetische Gastheorie das Verhalten eines Gases aus der Bewegung der Gasteilchen zu erklären. Es wird angenommen, daß ein makroskopisch ruhendes Gas eine große Anzahl von Gasteilchen enthält, die sich in ständiger, unregelmäßiger Bewegung befinden. Bei thermodynamischem Gleichgewicht ist kein Ort und keine Richtung ausgezeichnet. Alle Teilchengeschwindigkeiten zwischen 0 und sehr großen Werten treten auf, allerdings mit unterschiedlicher Wahrscheinlichkeit. Nach MAXWELL ist die Zahl dN der Teilchen, die einen Geschwindigkeitsvektor zwischen $\boldsymbol{v}$ und $\boldsymbol{v} + \mathrm{d}\boldsymbol{v}$ haben, gegeben durch

$$\mathrm{d}N = N \left(\frac{m_0}{2\pi kT}\right)^{3/2} \times \exp\left[-\frac{m_0(v_x^2 + v_y^2 + v_z^2)}{2\,kT}\right] \mathrm{d}v_x\,\mathrm{d}v_y\,\mathrm{d}v_z, \qquad (3.6)$$

wobei v_x, v_y, v_z die Komponenten des Geschwindigkeitsvektors $\boldsymbol{v}$ und $\mathrm{d}v_x$, $\mathrm{d}v_y$, $\mathrm{d}v_z$ die des Vektors $\mathrm{d}\boldsymbol{v}$, N die Gesamtzahl aller Gasteilchen, k die BOLTZMANN-Konstante und m_0 die Masse eines Gasteilchens sind.

Es gilt

$$k = 1{,}380 \cdot 10^{-23}\ \mathrm{J/K}$$

und

$$\mathrm{R} = \mathrm{N_A}k \tag{3.7}$$

mit $\mathrm{N_A}$ = Avogadroscher Zahl:

$$\mathrm{N_A} = 6{,}022 \cdot 10^{23}\ \mathrm{mol}^{-1}.$$

Für praktische Rechnungen kann man setzen

$$\mathrm{N_A}' = 6{,}022 \cdot 10^{26}\ (M_\mathrm{r}\ \mathrm{kg})^{-1}.$$

Ferner ist

$$m_0 = 1/\mathrm{N_A} = 1{,}66 M_\mathrm{r} \cdot 10^{-27}\ \mathrm{kg}. \tag{3.8}$$

Gl. (3.6) läßt sich auch darstellen als

$$\mathrm{d}N = N w(\boldsymbol{v})\ \mathrm{d}v_x\ \mathrm{d}v_y\ \mathrm{d}v_z, \tag{3.9}$$

wobei $w(\boldsymbol{v})$ die Wahrscheinlichkeit dafür ist, daß ein Teilchen einen Geschwindigkeitsvektor zwischen $\boldsymbol{v}$ und $\boldsymbol{v} + \mathrm{d}\boldsymbol{v}$ hat.

Da in dem makroskopisch ruhenden Gas keine Richtung ausgezeichnet ist, muß aus Symmetriegründen der Mittelwert des Geschwindigkeitsvektors

$$\overline{\boldsymbol{v}} = 0 \tag{3.10}$$

sein.

Demgegenüber ist der Mittelwert des Geschwindigkeitsbetrages von Null verschieden:

$$\begin{aligned}\bar{v} = |\overline{\boldsymbol{v}}| &= \iiint_0^\infty w(\boldsymbol{v})\ |\boldsymbol{v}|\ \mathrm{d}v_x\ \mathrm{d}v_y\ \mathrm{d}v_z \\ &= \left(\frac{8kT}{\pi m_0}\right)^{1/2} = \left(\frac{8\mathrm{R}'T}{\pi}\right)^{1/2}.\end{aligned} \tag{3.11}$$

Analog dazu findet man

$$\bar{v}^2 = \iiint_0^\infty w(\boldsymbol{v})\ v^2\ \mathrm{d}v_x\ \mathrm{d}v_y\ \mathrm{d}v_z = 3kT/m_0 = 3\mathrm{R}'T. \tag{3.12}$$

Während $w(\boldsymbol{v})$ die Wahrscheinlichkeit dafür ist, daß ein Teilchen einen Geschwindigkeits*vektor* zwischen $\boldsymbol{v}$ und $\boldsymbol{v} + \mathrm{d}\boldsymbol{v}$ hat, wird $w(v)$ als die Wahrscheinlichkeit dafür eingeführt, daß ein Teilchen einen Geschwindigkeits-*betrag* zwischen v und $v + \mathrm{d}v$ besitzt:

$$w(v) = w(\boldsymbol{v})\, 4\pi v^2 . \tag{3.13}$$

In Abb. 3.2 ist $w(v)$ als Funktion von v aufgetragen. Das Maximum dieser Kurve liegt bei der wahrscheinlichsten Geschwindigkeit

$$v_{\mathrm{W}} = (2kT/m_0)^{1/2} = (2\mathrm{R}'T)^{1/2} , \tag{3.14}$$

so daß

$$v_{\mathrm{W}} < \bar{v} < \sqrt{\overline{v^2}} \quad \text{ist.}$$

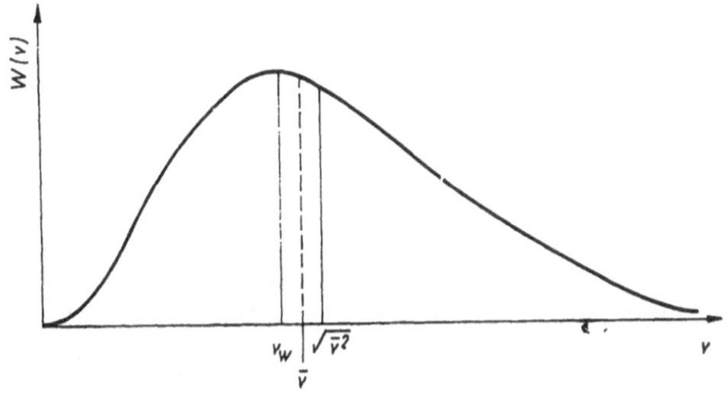

Abb. 3.2. Wahrscheinlichkeit $w(v)$ als Funktion von v

Hat man in einem abgeschlossenen Gasvolumen V insgesamt N Gasteilchen, dann ist die *mittlere Teilchendichte*

$$n = N/V . \tag{3.15}$$

Diese Teilchen stoßen einerseits untereinander zusammen, andererseits stoßen sie auch auf die Begrenzungswände des Volumens. Die mittlere *flächenspezifische Wandstoßrate* oder *Wandstoßfrequenz* ν_{A} ist die Zahl der Teilchen, die in einer Zeit dt auf eine Fläche A der Wand trifft. Zur Berechnung dieses Wertes ermittelt man die Zahl dZ' der Teilchen, die in einem Zylinder der Grundfläche A und der Höhe $\bar{v}$ cos ϑ dt sind (Abb. 3.3),

$$\mathrm{d}Z' = nA\bar{v} \cos \vartheta \, \mathrm{d}t.$$

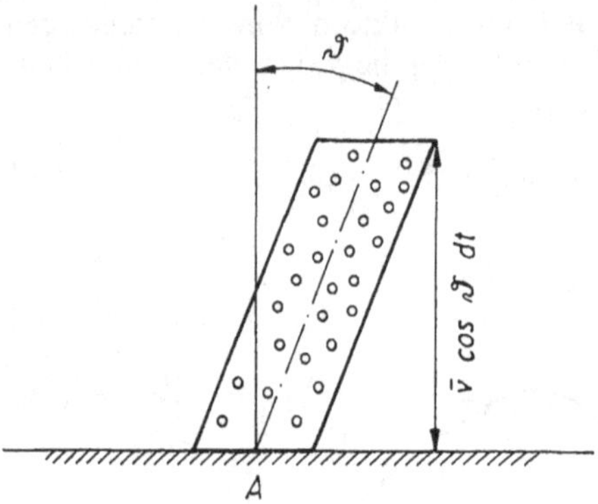

Abb. 3.3.

Von diesen Teilchen trifft nur der Anteil dZ = dZ' × dω/4π (dω = Raumwinkelelement) auf die Grundfläche A. Durch Integration über den gesamten Halbraum und Division durch $A \cdot \mathrm{d}t$ folgt die flächenspezifische Wandstoßrate zu

$$\nu_{\mathrm{A}} = \frac{1}{A\,\mathrm{d}t} \int\limits_{\vartheta=0}^{\pi/2} \int\limits_{\varphi=0}^{2\pi} \frac{\cos \vartheta \sin \vartheta}{4\pi} n\bar{v}A \,\mathrm{d}t \,\mathrm{d}\vartheta \,\mathrm{d}\varphi$$

$$= \frac{n\bar{v}}{4} = n \left(\frac{kT}{2m_0\pi}\right)^{1/2} = \frac{p}{(2\pi m_0 kT)^{1/2}}. \qquad (3.16)$$

Die auf die Wand treffenden Gasteilchen erzeugen durch Impulsübertragung den Druck. Entsprechend der Definitionsgleichung des Druckes (Gl. (2.1)) und dem

NEWTONschen Grundgesetz ist

$$p = F/A = \frac{\mathrm{d}\,(mv)}{\mathrm{d}t} \cdot \frac{1}{A}. \tag{3.17}$$

Zur Berechnung dieses Ausdruckes nimmt man zunächst an, daß man n Teilchen je Volumeneinheit mit der einheitlichen Geschwindigkeit v und der Masse m_0 hat. Diese befinden sich in einem Zylinder mit der Höhe $v \cos \vartheta \, \mathrm{d}t$ und der Grundfläche A.

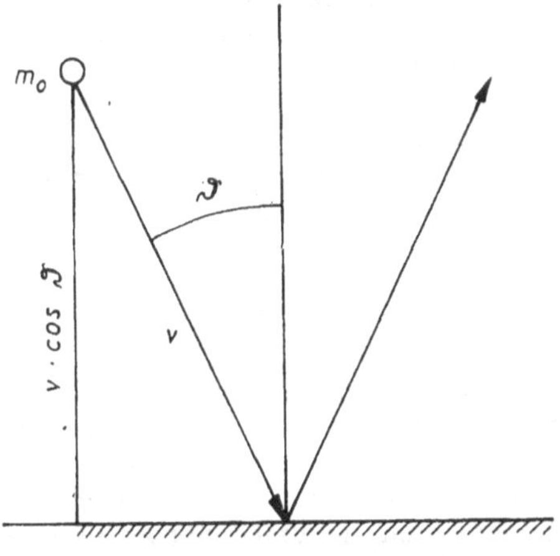

Abb. 3.4.

Entsprechend Abb. 3.4 ist bei einem Stoß die Impulsänderung eines Teilchens $2m_0 v \cos \vartheta$. Die Zahl aller Teilchen in dem Zylinder ist $nAv \cos \vartheta \, \mathrm{d}t$. Von diesen treffen nur $\mathrm{d}\omega/4\pi = \sin \vartheta \, \mathrm{d}\vartheta \, \mathrm{d}\varphi/4\pi$ auf die Grundfläche. Integration über ϑ von 0 bis $\pi/2$ und über φ von 0 bis 2π ergibt für die gesamte Impulsänderung

$$\mathrm{d}\,(mv) = 2m_0 nA \, \mathrm{d}t \, v^2 \int_{\vartheta=0}^{\pi/2} \int_{\varphi=0}^{2\pi} \frac{\cos^2 \vartheta \sin \vartheta \, \mathrm{d}\vartheta \, \mathrm{d}\varphi}{4\pi}$$

$$= \frac{1}{3} \, nA \, \mathrm{d}t \, m_0 v^2 .$$

Mittelt man bei diesem Ausdruck noch alle Geschwindigkeitsquadrate über die Zeit, dann erhält man mit den Gleichungen (3.12) und (3.17)

$$p = \frac{1}{3} m_0 n \bar{v}^2 = kTn. \tag{3.18}$$

Diese Formel, die nur bei völligem thermodynamischen Gleichgewicht gilt (bei Temperatur- oder Druck- oder Dichteunterschieden im Gas eigentlich nicht angewendet werden darf), wird in der gesamten Vakuumtechnik als fundamentale Beziehung zwischen Druck und Teilchendichte angesehen. Insbesondere stellt sie eine wichtige Grundlage für die Druckmessung dann dar, wenn die Drücke so klein sind, daß man ihre Kraftwirkung meßtechnisch nicht mehr erfassen kann. Die in den Kapiteln 3.6.2., 3.6.3., 3.6.4., 3.6.5. und 3.6.7. dargestellten Druck- bzw. Partialdruckmeßgeräte messen — genau genommen — Teilchendichten, denen man entsprechend Gl. (3.18.) Druckwerte zuordnet. Die in diesen Kapiteln beschriebenen Totaldruckmeßgeräte sind im eigentlichen Sinne keine Manometer. Sie werden deshalb auch oft als Vakuummeter bezeichnet.

In der klassischen Mechanik kann man die Gasteilchen als kleine Kugeln betrachten, die untereinander *elastisch* zusammenstoßen. Aus Streuexperimenten folgt, daß man den Gasteilchen einen Streu- oder Stoßquerschnitt πr^2 (r = Streu- oder Stoßradius) zuordnen kann, der in der Größenordnung des „Teilchenquerschnittes" (ca. 10^{-15} cm²) liegt.

Die Zahl der Zusammenstöße, die ein Gasteilchen auf dem Weg durch das Gas erleidet, berechnet man vereinfacht, indem man die anderen Gasteilchen als ruhend betrachtet. Ein Gasteilchen mit dem hier erläuterten „gaskinetischen" Stoßradius r_1 stößt mit allen anderen Gasteilchen (Stoßradius r_2) zusammen, die sich in einem Zylinder mit dem Volumen $V = \bar{v}\, \mathrm{d}t \pi (r_1 + r_2)^2$ befinden (Abb. 3.5). Die *Volumenstoßrate* ergibt sich nach dieser

Überlegung zu

$$\nu_V = \frac{dZ}{dt} = \frac{\bar{v}\,dt\,\pi(r_1 + r_2)^2\,n}{dt}$$

$$= \bar{v}n\pi(r_1 + r_2)^2. \tag{3.19}$$

Berücksichtigt man noch die Bewegung der in der vereinfachten Modellrechnung als ruhend angenommenen Teilchen, ergibt sich

$$\nu_V = \pi\sqrt{2}\,n\bar{v}(r_1 + r_2)^2. \tag{3.20}$$

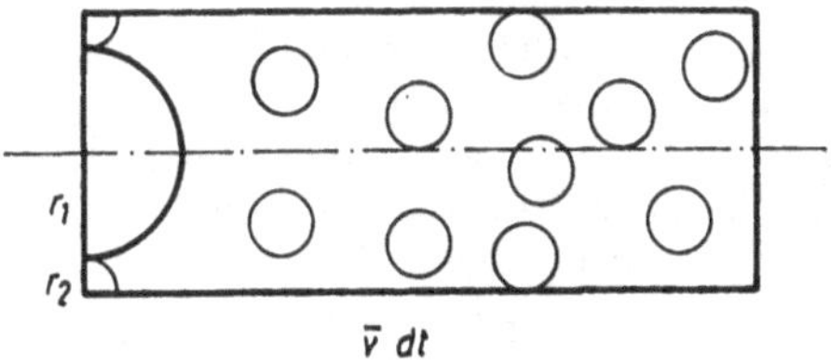

Abb. 3.5.

Die mittlere Wegstrecke, die ein Teilchen geradlinig zwischen zwei Zusammenstößen mit anderen Gasteilchen zurücklegen kann, heißt *mittlere freie Weglänge* Λ. Sie ergibt sich aus der Division des Weges $\bar{v}$ dt durch die Zahl der Zusammenstöße ν_V dt in dieser Zeit:

$$\Lambda = \frac{\bar{v}}{\nu_V} = \frac{1}{\pi\sqrt{2}\,n(r_1 + r_2)^2} = \frac{kT}{\pi\sqrt{2}\,(r_1 + r_2)^2\,p}. \tag{3.21}$$

In Tabelle 3.1 sind einige Sonderfälle von (3.21) zusammengestellt.

Um die mittlere freie Weglänge beim Stoß von Elektronen mit Gasteilchen zu berechnen, darf man in (3.21) nicht $r_1 = 0$ und für r_2 den gaskinetischen Stoßradius einsetzen, da die klassische Modellvorstellung diesen Fall nicht erfaßt (Ramsauer-Effekt)! Die aus (3.21) nicht ersichtliche, wohl aber experimentell beobachtete Tem-

Tabelle 3.1
Spezialfälle von Gl. (3.21)

Spezialfall	Beispiel	Gleichung
$r_1 = r_2 = r$	Stoß gleicher Teilchen untereinander	$\Lambda = \frac{1}{4\pi \sqrt{2}\, r^2 n}$
$v \gg \bar{v}$	Die Geschwindigkeit v des stoßenden Teilchens ist groß gegenüber der mittleren thermischen Geschwindigkeit $\bar{v}$, z. B. Stoß von Ionen mit dem Gas	$\Lambda = \frac{1}{\pi n (r_1 + r_2)^2}$

peraturabhängigkeit der mittleren freien Weglänge erklärt man durch eine Temperaturabhängigkeit des gaskinetischen Stoßradius, die man anschaulich so erklären kann, daß mit wachsender Temperatur (und Teilchengeschwindigkeit) die gegenseitige Beeinflussung der Gasteilchen abnimmt. Eine grobe Abschätzung von SUTHERLAND führte zu

$$r_\infty^2 = \frac{r^2}{1 + T_V/T} \tag{3.22}$$

(r_∞ = Stoßradius bei $T \to \infty$, T_V = Verdopplungstemperatur oder SUTHERLAND-Konstante) und mit

$$\Lambda_\infty = \frac{1}{\pi \sqrt{2}\,(r_{1\infty} + r_{2\infty})^2\, n} \tag{3.23}$$

zu

$$\Lambda = \frac{\Lambda_\infty}{1 + T_V/T}. \tag{3.24}$$

Gl. (3.21) kann man zur Berechnung des erforderlichen Druckes in Bedampfungsanlagen, Elektronenstrahlgeräten u. dgl. heranziehen. Bei diesen Geräten verlangt man, daß Teilchen (Elektronen, Ionen, Metall- oder Halbleiteratome) eine Strecke l durch das Gas fliegen können, ohne mit Gasteilchen zusammenzustoßen. Hat man zu einer bestimmten Zeit N solcher Teilchen, dann nimmt diese Zahl durch Zusammenstöße mit Gasteilchen in der Zeit dt um

$$-dN = N\nu_V \, dt \quad \text{ab.}$$

Eine Integration dieser Beziehung liefert

$$N = N_0 \, e^{-\nu_V t}. \tag{3.25}$$

Setzt man für $\nu_V t = l/\Lambda$ (l = zurückgelegter Weg), dann zeigt die Beziehung

$$N = N_0 \, e^{-l/\Lambda} \tag{3.26}$$

(N_0 = Zahl der gestarteten Teilchen zur Zeit $t = 0$), daß $l \ll \Lambda$ werden muß, damit praktisch keine Zusammenstöße zwischen diesen Teilchen und den Gasteilchen erfolgen.

3.4. Transportvorgänge in Gasen

Während sich die Überlegungen von Kap. 3.3. auf ein makroskopisch ruhendes Gas im thermodynamischen Gleichgewicht ((n, p, T) im ganzen betrachteten Volumen konstant) beschränkten, sollen im folgenden Transportvorgänge betrachtet werden, wobei sich die Überlegungen auf *kleine Gleichgewichtsstörungen* beschränken sollen.

Eine *Teilchendichteverteilung* im Gas führt zu einem Diffusionsvorgang, der die Teilchendichte auszugleichen versucht. In Abb. 3.6a ist $n = n(x)$. Es wird vorausgesetzt, daß sich $n(x)$ so gering mit x ändert, daß

$$n(x - \Lambda) = n(x) - \Lambda \, \partial n/\partial x \quad \text{und}$$
$$n(x + \Lambda) = n(x) + \Lambda \, \partial n/\partial x \tag{3.27}$$

gilt. (Bei dieser Herleitung muß man — streng genommen — fordern, daß $\Lambda \cdot \partial n/\partial x \ll n(x)$ ist). Nimmt man an,

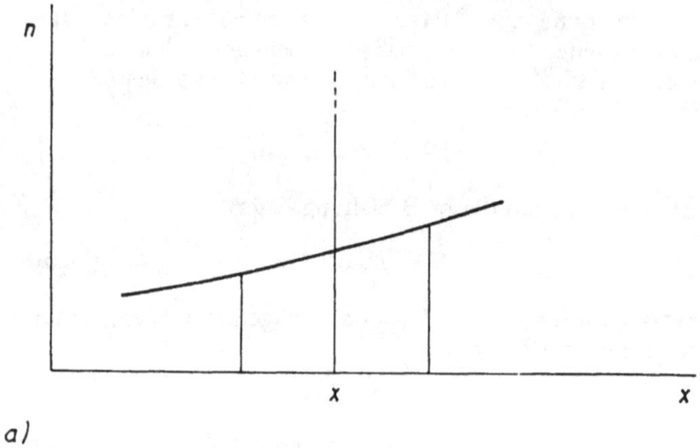

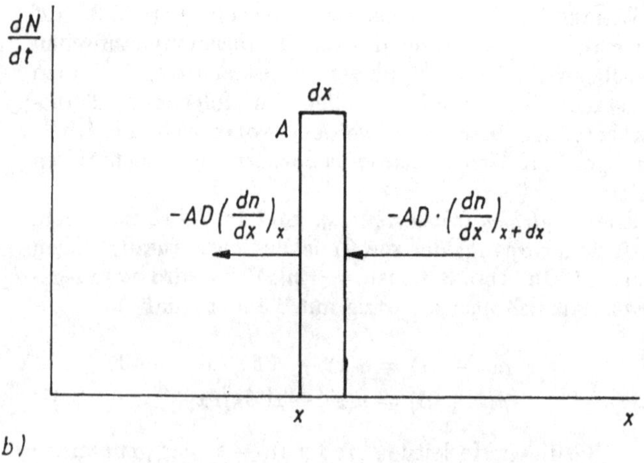

Abb. 3.6.

daß alle Teilchen die mittlere Geschwindigkeit $\bar{v}$ haben, und daß sich jeweils 1/6 aller Teilchen in Richtung einer Koordinate ($+x$ oder $-x$ usw.) bewegt, dann folgt für den Teilchenstrom $\partial N/\partial t$

$$\begin{aligned}\partial N/\partial t &= -\frac{A\bar{v}}{6}\left(n(x+\Lambda) - n(x-\Lambda)\right)\\ &= -\frac{A\bar{v}\Lambda}{3}\frac{\partial n}{\partial x},\end{aligned} \tag{3.28}$$

wobei das negative Vorzeichen berücksichtigt, daß sich der Teilchenstrom in Richtung des Dichtegefälles bewegt. Mit dem Diffusionskoeffizienten

$$D = \Lambda\bar{v}/3 \tag{3.29}$$

folgt hieraus das ursprünglich empirisch gefundene 1. Ficksche Gesetz

$$-\frac{1}{A}\frac{\partial N}{\partial t} = D\frac{\partial n}{\partial x}. \tag{3.30}$$

Stellt man sich an der Stelle x ein Volumenelement mit der Querschnittsfläche A und der Dicke dx vor (Abb. 3.6b), dann folgt aus der Teilchenbilanz für dieses Volumenelement das 2. Ficksche Gesetz, die Diffusionsgleichung

$$\left(\frac{\partial n}{\partial t}\right)_x = D\frac{\partial^2 n}{\partial x^2}, \tag{3.31}$$

deren Lösung i. a. durch die Randbedingungen des Problems bestimmt wird.

Im folgenden betrachtet man einen Strom von Gasteilchen, der sich in y-Richtung bewegt. Im Unterschied zur Geschwindigkeit $\boldsymbol{v}$ (Komponenten v_x, v_y, v_z,) bei der thermischen Bewegung wird die makroskopisch beobachtbare Strömungsgeschwindigkeit mit $\boldsymbol{w}$ (Komponenten w_x, w_y, w_z) bezeichnet. Nimmt man an, daß benachbarte Schichten unterschiedlich schnell strömen, in x-Richtung also z. B. ein Geschwindigkeitsgefälle besteht, dann wird infolge der Überlagerung von gerichteter Strömungsbewegung und thermischer Bewegung ein Impulsaustausch zwischen den Schichten stattfinden, so daß schneller fliegende Teilchen gebremst, langsamere aber beschleunigt werden. Analog zu den vorhergehenden Überlegungen kann man den Impulstransport durch eine zur x-Achse senkrechte Ebene darstellen durch

$$\frac{\partial(m_0 w_y)}{\partial t} = -A \frac{n\bar{v}}{3} \Lambda \frac{\partial(m_0 w_y)}{\partial x}, \tag{3.32}$$

wobei die linke Seite offenbar gleich der NEWTONschen Reibungskraft

$$F_R = -\eta A \frac{\partial w_y}{\partial x} \tag{3.33}$$

ist; η ist der Koeffizient der inneren Reibung. Ein Vergleich der Gleichungen (3.32) und (3.33) liefert

$$\eta = \frac{n\bar{v}}{3} \Lambda m_0 = \frac{\bar{v}\varrho\Lambda}{3}. \tag{3.34}$$

Hierbei ist ϱ die Dichte

$$\varrho = m/V.$$

Im zweiten Gleichheitszeichen von (3.34) wurde ϱ für das Produkt nm_0 gesetzt.

Unterschiedliche Temperaturen im Gas führen dazu, daß die Gasteilchen unterschiedliche Wärmemengen $Q = m_0 c_V T$ (c_V = spezifische Wärme- kapazität bei konstantem Volumen) transportieren. Ist $T = T(x)$, dann wird längs der x-Achse ein Wärmestrom

$$\partial Q/\partial t = -A \frac{n\bar{v}}{3} m_0 c_V \frac{\partial T}{\partial x} \Lambda \tag{3.35}$$

transportiert. Ein Vergleich von (3.35) mit der Wärmeleitungsgleichung der Thermodynamik

$$j_w = -\lambda \frac{\partial T}{\partial x} \tag{3.36}$$

liefert für die spezifische Wärmeleitfähigkeit λ eines Gases

$$\lambda = \eta c_v . \tag{3.37}$$

Eine genauere Rechnung, die die Störung des thermodynamischen Gleichgewichts berücksichtigt, ergibt

$$\lambda = 2{,}52 \eta c_v . \tag{3.38}$$

Die Gleichungen (3.34) und (3.37) zeigen folgende Tendenz: Sowohl η als auch λ hängen nicht vom Druck ab, da beim Produkt $n\Lambda$ die Druck- bzw. Dichteabhängigkeit herausfällt (vgl. Gl. (3.21.)!). Diese Überlegung gilt jedoch nur so lange, wie die mittlere freie Weglänge klein gegenüber den Gefäßdimensionen ist. Andernfalls begrenzen die Wände des Volumens die mittlere freie Weglänge. In diesem Fall wird Λ konstant, und η bzw. λ werden Funktionen des Druckes. Gleichung (3.37) findet Anwendung bei der Druckmessung mit Hilfe der Wärmeleitfähigkeit eines Gases und bei der Berechnung des erforderlichen Druckes für die Wärmeisolation bei Vakuummantelgefäßen (Dewargefäße).

Treffen Gasteilchen mit der mittleren Energie $m_0 c_v T_i$ auf eine Oberfläche mit der Temperatur T_A ($T_A > T_i$), dann treten sie mit der Oberfläche in Energieaustausch, wobei die reflektierten Teilchen eine Energie

$$m_0 c_v T_r < m_0 c_v T_A$$

besitzen. Der unvollständige Energieaustausch wird nach KNUDSEN durch die Akkommodationszahl

$$\alpha = \frac{T_r - T_i}{T_A - T_i} \tag{3.39}$$

beschrieben. Die Akkommodationszahl ist in der Regel kleiner als 1. Ihre Größe hängt vom System Gas-Festkörper und von der Oberflächenbeschaffenheit des Festkörpers ab.

3.5. Ad- und Desorption, Permeation und Gasabgabe

3.5.1. Definitionen

Werden Teilchen aus der Gasphase kommend an der Oberfläche einer festen oder flüssigen Phase gebunden, spricht man von Adsorption. Dringen sie hingegen in das Innere der anderen Phase ein, und bleiben dort haften, spricht man von Absorptiv. Mit Sorption bezeichnet man beide Prozesse, ohne sich auf den Anteil des einen oder anderen festzulegen. Der in der Gasphase befindliche Stoff, der durch Adsorption gebunden werden kann, heißt Adsorption. Im gebundenen Zustand heißt er Adsorbat. Die feste oder flüssige Phase, an deren Oberfläche Teilchen gebunden werden können, heißt Adsorbens, Substrat oder Sorptionsmittel.

3.5.2. Energetik der Adsorption

Die anziehenden Kräfte, die ein Adsorbat an ein Adsorbens binden, unterteilt man auf Grund ihrer Ursachen in:

— elektrostatische Kräfte (COULOMB-Kräfte, Dipolkräfte), falls die Adsorbatteilchen in Form von Ionen oder Dipolen vorliegen oder falls sie infolge des elektrostatischen Feldes vor einer Festkörperoberfläche polarisiert werden;
— Dispersionskräfte (VAN DER WAALS-Kräfte). Diese Kräfte wirken zwischen elektrisch neutralen Teilchen, die auch kein permanentes Dipolmoment besitzen. Ihr Zustandekommen kann man sich anschaulich etwa folgendermaßen erklären: Jedes elektrisch neutrale Atom hat infolge der Elektronenbewegungen in der Hülle ein Dipolmoment, das sich allerdings

hinsichtlich der Größe und Richtung ändert, so daß es im Zeitmittel verschwindet. Dieses Dipolmoment kann in einem anderen Teilchen ein Dipolmoment influenzieren. Die beiden Dipole ziehen sich an.

– Valenzkräfte, die beim gegenseitigen Durchdringen der Elektronenhüllen auftreten (homöopolare Bindung).

Nähern sich die Adsorbatteilchen immer mehr dem Adsorbens, dann treten, wenn sich die Elektronenschalen durchdringen und die Eigenfunktionen der Partner überlappen, Abstoßungskräfte (Repulsionskräfte) auf, die eine weitere Annäherung verhindern. Bei dichter Bedeckung eines Substrats mit Adsorbatteilchen können zwischen den Adsorbatteilchen ebenfalls Abstoßungskräfte auftreten. Da die Wechselwirkungsenergie zwischen Adsorbat und Substrat i. a. schwer zu berechnen ist, geht man häufig bei theoretischen Betrachtungen von der Wechselwirkungsenergie zwischen zwei Teilchen aus und überträgt die für das Zweiteilchensystem gewonnenen Resultate auf das System Adsorbat-Substrat. In Tab. 3.2 ist die qualitative Abhängigkeit der Wechselwirkungsenergie W von der Entfernung r zwischen zwei wechselwirkenden Teilchen (Ionen oder Dipolen) oder zwischen Adsorbatteilchen und Oberfläche für einige ausgewählte Systeme zusammengestellt. Zwischen der Wechselwirkungsenergie und der Anziehungskraft $F(r)$ besteht die Beziehung

$$W(r) = \int_{\infty}^{r} F(r')\,dr'. \tag{3.40}$$

Bei der Wechselwirkung zwischen zwei Ionen berechnet man die Wechselwirkungsenergie $W(r)$ aus der Coulomb-Kraft. Beim System Ion-Metall macht man davon Gebrauch, daß die Elektronen im Metall durch das Ion so verschoben werden, daß im Metall die sog. Bildladung entsteht. Zwischen dieser und dem Ion wirkt ebenfalls die Coulomb-Kraft. Stellt man sich den Isolator als

Tabelle 3.2

Abhängigkeit der Wechselwirkungsenergie W von dem Abstand r der Partner

System	Wechselwirkungsenergie $W(r)$
Ion – Ion	$W(r) \sim -1/r$
Metall – Ion	$W(r) \sim -1/r$
Isolator – Ion	$W(r) \sim -\exp(-ar)$ (a = Konstante)
Dipol – Dipol	$W(r) \sim -1/r^3$
Metall – Dipol	$W(r) \sim -1/r^3$
Isolator – Dipol	$W(r) \sim -\exp(-ar)$ (a = Konstante)
VAN DER WAALS-Bindung zweier Atome	$W(r) \sim -1/r^6$
Influenz. Dipol vor einer Festkörperoberfläche	$W(r) \sim -\exp(-2ar)$
Abstoßung	$W(r) \sim +1/r^{12}$ oder $W(r) \sim +\exp(-r/c)$ (c = Konstante)

eine regelmäßige Anordnung positiver und negativer Ionen (Ionenkristall) vor, dann müßte man die COULOMB-Kräfte zwischen den einzelnen Ionen des Isolatorkristalls und dem davor befindlichen Ion addieren. Da jedoch die einzelnen Ionen des Isolatorkristalls ein elektrisches Feld erzeugen, dessen Feldstärke $\boldsymbol{E}$ mit wachsender Entfernung r von der Oberfläche entsprechend

$$|\boldsymbol{E}| \sim \exp[-(ar)] \tag{3.41}$$

(a = Konstante) exponentiell abfällt, ist es bequemer, anstelle der Summation über alle COULOMB-Kräfte die Anziehungskraft zwischen Isolatoroberfläche und dem vor dieser Oberfläche befindlichen Ion aus der Beziehung

$$|\boldsymbol{F}| = Q\,|\boldsymbol{E}| \tag{3.42}$$

(Q = Ladung des Ions) zu berechnen.

Analoge Überlegungen gelten für permanente Dipole mit dem elektrischen Dipolmoment p. Entsprechend den

Gesetzen der Elektrostatik sind bei diesem die Anziehungskräfte etwas kleiner ($\sim r^{-4}$). Bei den VAN DER WAALS-Kräften, die dann wirken, wenn die Teilchenabstände größer als zwei Atom- oder Molekülabstände in einem Kristallgitter sind, kann man die Wechselwirkungsenergie sowohl klassisch als auch quantentheoretisch berechnen. In beiden Fällen erhält man eine r^{-6}-Abhängigkeit. Eine Vorstellung von der Größe der Bindungsenergien bei VAN DER WAALSscher Bindung vermitteln die Kondensationswärmen, da die Kondensation ebenfalls durch VAN DER WAALS-Kräfte verursacht wird.

Die Abhängigkeit der Abstoßungsenergie vom Abstand der Partner ist experimentell ermittelt worden. Bei Alkalihalogenidkristallen fand man die in Tab. 3.2 angegebene r^{-12}-Abhängigkeit, die sich näherungsweise auch bei anderen Systemen gut verwenden läßt. (In dem für quantentheoretische Rechnungen häufig benutzten LENNARD-Jones-Potential besitzt der abstoßende Term auch die r^{-12}-Abhängigkeit.)

Während die Wechselwirkungsenergie bei Abstoßung ein positives Vorzeichen besitzt, erhält sie bei Anziehung ein negatives. Trägt man die Wechselwirkungsenergie als Funktion des Abstandes r zweier Partner auf, dann erhält man einen Kurvenverlauf (Abb. 3.7), der sich aus einer formalen Addition der beiden Energiekurven (für anziehende und abstoßende Kräfte) ergibt. Ein aus dem Unendlichen kommendes Teilchen wird in der Potentialmulde unter Abgabe der Energie W_{ads} gebunden. Soll es aus diesem Zustand befreit werden, ist ihm mindestens diese Energie zuzuführen. In Abb. 3.8 ist die resultierende Kurve von Abb. 3.7 für zwei verschiedene Arten von Bindungskräften dargestellt. Kurve (a) gilt für VAN DER WAALS-Kräfte, Kurve (b) gilt für eine heteropolare Bindung, für deren Zustandekommen das Adsorbatteilchen erst durch Aufwenden einer Ionisierungsenergie in den ionisierten Zustand versetzt werden muß. Am Schnittpunkt S haben beide Kurven den gleichen Energiewert.

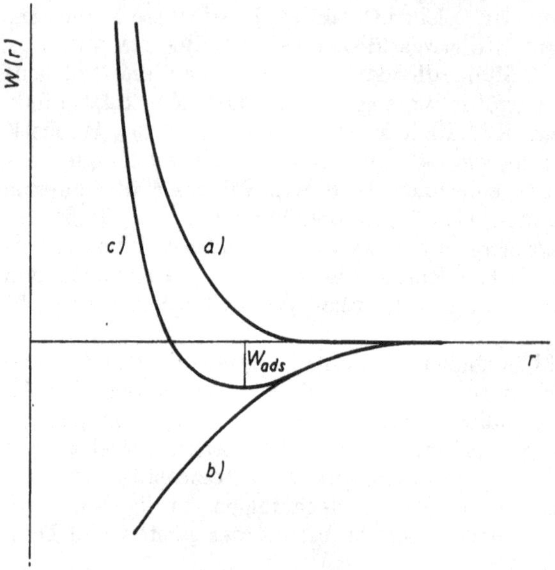

Abb. 3.7. Überlagerung der Wechselwirkungsenergien $W(r)$ bei anziehender und abstoßender Kraft als Funktion des Abstandes der Partner
a) die durch abstoßende Kräfte verursachte Wechselwirkungsenergie,
b) die durch anziehende Kräfte verursachte Wechselwirkungsenergie,
c) resultierende Wechselwirkungsenergie, entstanden durch additive Überlagerung von a) und b)

Dies ist aus quantentheoretischen Gründen nicht möglich: Das Energieniveau spaltet in zwei Niveaus auf (vgl. Abb. 3.8). Für die Praxis ist die untere $W(r)$-Kurve von Interesse. Ein aus dem Unendlichen kommendes Teilchen wird zunächst unter Abgabe der Energie W_P im ersten flachen Minimum gebunden. Die durch van der Waals-Kräfte verursachte Bindung, die auch für die Kondensation von Gasen verantwortlich ist, wird als physikalische Adsorption oder Physisorption bezeichnet. Das relativ flache Minimum (W_P ist kleiner als 40000 Ws/mol) wird nur wenig durch die Struktur der Oberfläche und deren Be-

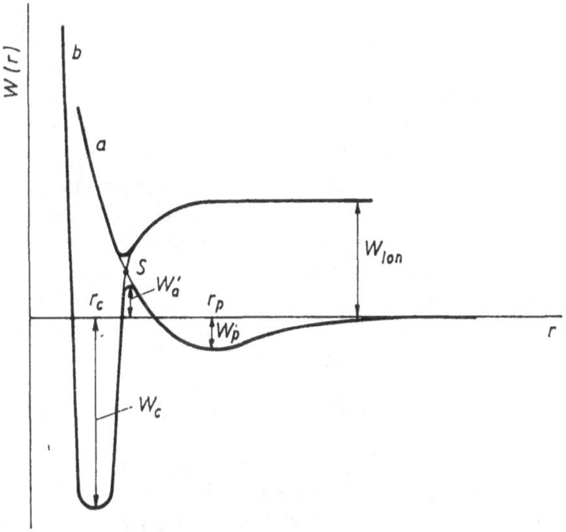

Abb. 3.8. Wechselwirkungsenergie $W(r)$ als Funktion des Abstandes r beider Partner bei VAN DER WAALS-Bindung (Kurve a) und heteropolarer Bindung (Kurve b)

deckung beeinflußt. Ist die Oberfläche mit einer monoatomaren oder monomolekularen Schicht des Adsorbates (= Monoschicht) bedeckt, kann diese evtl. selbst wieder als Substrat wirken und weitere Adsorbatschichten binden (Kondensation). Die Bindungsenergien in der 2. und folgenden Adsorbatschicht unterscheiden sich dabei oft nur wenig von der, die bei der Adsorption auf der reinen Oberfläche beobachtet wird. Während bei hinreichend hohem Druck viele Schichten adsorbiert werden können, bleibt im Bereich des Hochvakuums höchstens eine Monoschicht auf der Oberfläche adsorbiert.

Durch die Zufuhr der Energie $W_P + W_a'$ kann ein Adsorbatteilchen über die Anregungsbarriere in das tiefere, näher an der Oberfläche befindliche Minimum gelangen und dort die Energie $W_C + W_a'$ abgeben (Chemisorption). Der Schnittpunkt S beider Kurven kann je nach dem System bei $W > 0$ oder $W < 0$ liegen. Man spricht dann von aktivierter bzw. von nichtaktivierter Chemisorption. Die Anregungsenergie W_a' ist meist viel kleiner als W_{Ion} (Ionisierungsenergie bei Ionisierung) oder W_{Diss} (Dissoziationsenergie bei Dissoziation). Da bei dem näher zur Oberfläche gelegenen Minimum die Bindungsenergien in der gleichen Größenordnung wie die der chemischen Reaktionswärmen liegen ($W_C = 40000$ bis 800000 Ws/mol), wird diese Bindungsart Chemisorption genannt. W_C wird wesentlich von der Natur der Oberfläche bestimmt und sinkt mit wachsender Oberflächenbedeckung; dafür wird häufig eine lineare Beziehung

$$W_C = W_{C,0}(1 - \alpha\Theta) \qquad (3.43)$$

angegeben, wobei $W_{C,0} = W_C(\Theta = 0)$, Θ = Bedekkungsgrad = Zahl der Adsorbatteilchen pro Zahl der maximal möglichen Adsorbatteilchen $= N_{\text{ads}}/N_{\text{ads max}}$ und α ein Proportionalitätsfaktor sind. Im Unterschied zu W_C steigt die Anregungsenergie W_a' mit wachsendem Bedeckungsgrad. Häufig wird hierfür eine Beziehung der Art

$$W_a' = W_{a0}'(1 + b\Theta) \qquad (3.44)$$

angegeben, wobei $W_{a0}' = W_a'$ $(\Theta = 0)$ und b wieder eine Konstante ist. Ob Gase chemisorbiert werden, hängt von der Elektronenkonfiguration ab. Wegen ihrer abgeschlossenen Elektronenhülle können Edelgase überhaupt nicht chemisorbiert werden. Aber auch bei den anderen Gasen gibt es Fälle, wo keine Chemisorption auftritt (vgl. Tab. 3.3).

3.5.3. Kinetik der Ad- und *Desorption*

Die Adsorbatteilchen können aus dem Vorrat der thermischen Energie des Substrates die zur Desorption nötige Energie

$$W_D = W_P \quad \text{(bei Physisorption)}$$

Tabelle 3.3
Chemisorptionsfähigkeit von Metallen nach TAMARU [3]

Gruppe	Metalle	Gase O_2	C_2H_2	C_2H_4	CO	H_2	CO_2	N_2
A	Ca, Sr, Ba, Ti, Zr, Hf, V, Nb, Ta, Cr, Mo, W, Fe, (Re)	A	A	A	A	A	A	A
B1	Ni, (Co)	A	A	A	A	A	A	NA
B2	Rh, Pd, Pt, (Ir)	A	A	A	A	A	NA	NA
C	Al, Mn, Cu, Au	A	A	A	A	NA	NA	NA
D	K	A	A	NA	NA	NA	NA	NA
E	Mg, Ag, Zn, Cd, In, Si, Ge, Sn, Pb, As, Sb, Bi	A	NA	NA	NA	NA	NA	NA
F	Se, Te	NA	NA	NA	NA	NA	NA	NA

A: Chemisorption NA: keine Chemisorption

bzw.

$$W_D = W_C + W_a' \quad \text{(bei Chemisorption)}$$

aufnehmen und desorbieren. Dieser Vorgang ist um so wahrscheinlicher, je höher die Substrattemperatur ist. Dementsprechend ist die Verweilzeit eines Adsorbatteilchens an der Oberfläche begrenzt und hat nach FRENKEL den Wert

$$\tau = \tau_0 \exp (W_D/R'T), \tag{3.45}$$

wobei τ_0 eine Konstante ist. Wenn sich die Adsorbatteilchen auf der Oberfläche frei wie ein zweidimensionales Gas bewegen können und nur noch senkrecht zur Oberfläche Translationsschwingungen ausführen, ist

$$\tau_0 \approx 10^{-13}\,\text{s}.$$

Bei zahlreichen Systemen Substrat-Adsorbat kann sich aber τ_0 um viele Zehnerpotenzen von diesem Wert unterscheiden.

Infolge der kristallographischen und chemischen Oberflächenstruktur ist die Bindungsenergie auf der Oberfläche nicht konstant. Es gibt Stellen hoher Bindungsenergie, sog. Haftzentren, und Stellen niedriger Bindungsenergie (vgl. Abb. 3.9). Ist die Verweilzeit in einer Haftstelle τ', dann gilt

$$\tau' = \tau_0' \exp(W_m/R'T), \tag{3.46}$$

wobei τ_0' eine Konstante ist und die gleiche Größenordnung wie τ_0 hat. τ' läßt sich aus dem Haftstellenabstand a und der Oberflächendiffusionskonstante D_s bestimmen:

$$D_s = a^2/\tau'. \tag{3.47}$$

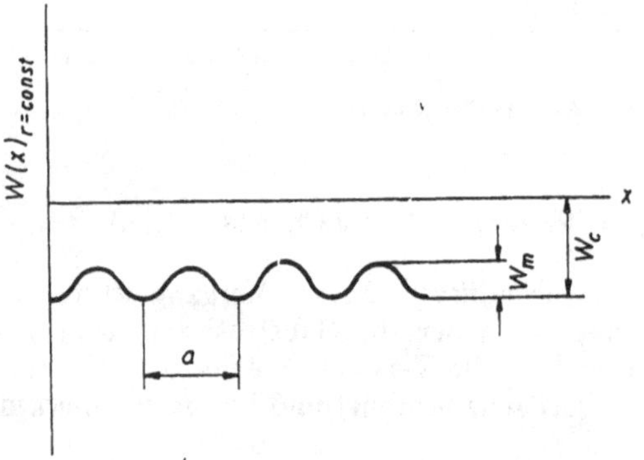

Abb. 3.9. Wechselwirkungsenergie zwischen Adsorbatteilchen und Oberfläche bei konstantem mittlerem Abstand $\bar{r}$ = const. von der Oberfläche als Funktion einer Ortskoordinate x, die parallel zur Oberfläche verläuft

Die Größe W_m ist die Energie, die nötig ist, damit ein Adsorbatteilchen den Anziehungsbereich einer Haftstelle überwinden kann (vgl. Abb. 3.9), wobei das Adsorbatteilchen allerdings noch nicht aus dem Anziehungsbereich der Oberfläche herauskommt. Das Verhältnis τ/τ' ist die mittlere Zahl von Oberflächensprüngen, die ein Adsorbatteilchen vollführt, ehe es die Oberfläche wieder verläßt.

Bei der Desorption 1. Ordnung werden die Teilchen so desorbiert, wie sie an der Oberfläche gebunden waren (d. h. Atome als Atome, Moleküle als Moleküle). Nach FRENKEL gilt hier für die Desorptionsrate

$$-\mathrm{d}N_{\mathrm{ads}}/\mathrm{d}t = N_{\mathrm{ads}}/\tau \tag{3.48}$$

(N_{ads} = Zahl der Adsorbatteilchen) oder, wenn man mit

$$\sigma = N_{\mathrm{ads}}/A \tag{3.49}$$

die Adsorbatteilchendichte bezeichnet,

$$-\mathrm{d}\sigma/\mathrm{d}t = \sigma/\tau = \sigma/\tau_0 \exp\left(-W_{\mathrm{D}}/\mathrm{R}'T\right). \tag{3.50}$$

Die Größe $-\mathrm{d}\sigma/\mathrm{d}t$ wird als flächenspezifische Desorptionsrate bezeichnet.

Bei der Desorption 2. Ordnung müssen sich zwei Atome des Adsorbates auf der Oberfläche zu einem Molekül vereinigen, ehe sie desorbieren können. Dazu ist Voraussetzung, daß Adsorbatatome auf benachbarten Haftstellen gebunden sind. Für die flächenspezifische Desorptionsrate bei der Desorption 2. Ordnung gilt

$$-\mathrm{d}\sigma_2/\mathrm{d}t = \nu_2\sigma_1^2 \exp\left(-W_{\mathrm{D}}/\mathrm{R}'T\right) \tag{3.51}$$

(σ_1 = Flächendichte der Adsorbatatome, σ_2 = Zahl der pro Flächeneinheit desorbierenden Adsorbatmoleküle, ν_2 = präexponentieller Faktor, dessen Größe durch das System Adsorbat-Substrat bestimmt wird). Man kann sich generell auch Desorptionen n-ter Ordnung vorstellen, die durch die Beziehung

$$-\mathrm{d}\sigma_n/\mathrm{d}t = \nu_n\sigma^n \exp\left(-W_{\mathrm{D}}/\mathrm{R}'T\right) \tag{3.52}$$

beschrieben werden. Hierbei ist σ_n die Zahl der pro Flächeneinheit desorbierenden n-atomigen Moleküle, n die Ordnung des Desorptionsprozesses und ν_{n} ist der präexponentielle Faktor. Bei den meisten praktischen Anwendungen kann man sich jedoch auf Desorptionen 1. und 2. Ordnung beschränken.

Adsorbate können auch durch andere Arten der Energiezufuhr (Elektronenbeschuß, Ionenbeschuß und Photonenbeschuß) desorbiert werden. Man spricht dann von Elektronenstoßdesorption (ESD), Ionenstoßdesorption und Photodesorption.

Tabelle 3.4

Desorptionsquerschnitte für die Elektronenstoßdesorption nach Messungen verschiedener Autoren. Die Streubereiche sind durch die verschiedenen Bindungszustände bedingt.

Adsorbat	Substrat	totaler Desorptionsquerschnitt in cm^2	Querschnitt für Ionendesorption in cm^2
H_2	W	$5 \cdot 10^{-21} \cdots 3{,}5 \cdot 10^{-20}$	$3 \cdot 10^{-23}$
N_2	W	$9 \cdot 10^{-20}$	$< 5 \cdot 10^{-21}$
CO	W	$3 \cdot 10^{-18} \cdots 3 \cdot 10^{-21}$	$1 \cdot 10^{-20} \cdots 3 \cdot 10^{-20}$
O_2	W	$2 \cdot 10^{-21} \cdots 7 \cdot 10^{-19}$	$< 3 \cdot 10^{-23} \cdots 3{,}4 \cdot 10^{-20}$
CO	Mo	$6 \cdot 10^{-21} \cdots 10^{-16}$	$1{,}5 \cdot 10^{-20} \cdots 8 \cdot 10^{-20}$
O_2	Mo	$8 \cdot 10^{-22} \cdots 1{,}3 \cdot 10^{-18}$	$1{,}4 \cdot 10^{-23} \cdots 2{,}6 \cdot 10^{-20}$

Bei der Elektronenstoßdesorption fand man experimentell die Beziehung

$$-\frac{d\sigma}{dt} = \sigma \cdot A_{D/El} \cdot \frac{j}{e} \tag{3.53}$$

($A_{D/El}$ = totaler Desorptionsquerschnitt, der, wie die in Tab. 3.4 zusammengestellten Beispiele zeigen, vom System Adsorbat-Substrat abhängt und i. a. kleiner als der Atomquerschnitt ($A_{Atom} \approx 10^{-16}$ cm^2) ist; j = Elektronenstromdichte, e = elektrische Elementarladung). Man kann das Verhältnis $A_{D/El}/A_{Atom}$ als Wahrscheinlichkeit dafür ansehen, daß ein Elektron beim Auftreffen auf ein Adsorbatatom zu dessen Desorption führt. Je fester die Bindung des Adsorbatatoms ist, desto kleiner ist der Desorptionsquerschnitt. Bezeichnet man mit $\boxed{M}$ das Substrat und mit A das Adsorbatatom, dann findet man folgende zwei Prozesse beim Auftreffen eines Elektrons

(e^-) auf das Adsorbatatom

$$e^- + \boxed{\mathrm{M}}\, A = \boxed{\mathrm{M}} + A + (e^-),$$

$$e^- + \boxed{\mathrm{M}}\, A = \boxed{\mathrm{M}} + A^+ + (2e^-).$$

Die Klammern deuten an, daß die Elektronen nicht unbedingt freigesetzt werden müssen. Sie können auch im Substrat verbleiben. Die Wahrscheinlichkeit für die Desorption von Ionen ist i. a. kleiner als die für die Desorption von Atomen. Analog zu Gl. (3.53) läßt sich für die durch Elektronenbeschuß erzeugten Ionen eine Beziehung

$$I_+ = \sigma A^+_{\mathrm{D/El}} I_- \tag{3.54}$$

angeben (I_- = Elektronenstrom, mit dem die Oberfläche beschossen wird, und I_+ = Desorbationenstrom).

Zur Elektronenstoßdesorption ist eine Mindestenergie nötig, damit ein Ion mit der kinetischen Energie 0 erzeugt wird. Ist $W_\mathrm{D}(A)$ die Desorptionsenergie und $W_\mathrm{Ion}(A)$ die Ionisierungsarbeit des Atoms, dann kann im einfachsten Fall für die Grenzenergie, die für die Befreiung eines Ions mindestens nötig ist, geschrieben werden

$$W_\mathrm{grenz} = W_\mathrm{D}(A) + W_\mathrm{Ion}(A). \tag{3.55}$$

Hierbei wird angenommen, daß die entstehenden 2 Elektronen frei sind und die kinetische Energie Null haben. In vielen Fällen konnte diese Beziehung experimentell bestätigt werden. In manchen Fällen verbleibt jedoch das Elektron des Atoms, das ionisiert wurde, im Substrat. Ist das Substrat ein Metall, dann wird noch die Austrittsarbeit $e\varphi$ frei, so daß die Beziehung für die Grenzenergie dann lautet

$$W'_\mathrm{grenz} = W_\mathrm{D}(A) + W_\mathrm{Ion}(A) - e\varphi. \tag{3.56}$$

Verbleiben sowohl das bombardierende als auch das durch Ionisation entstandene Elektron im Substrat, dann folgt schließlich

$$W''_{\text{grenz}} = W_{\text{D}}(A) + W_{\text{Ion}}(A) - 2e\varphi. \quad (3.57)$$

Im allgemeinen ist sowohl der totale Wirkungsquerschnitt als auch der Wirkungsquerschnitt für Ionendesorption nicht nur vom System Adsorbat-Substrat, son-

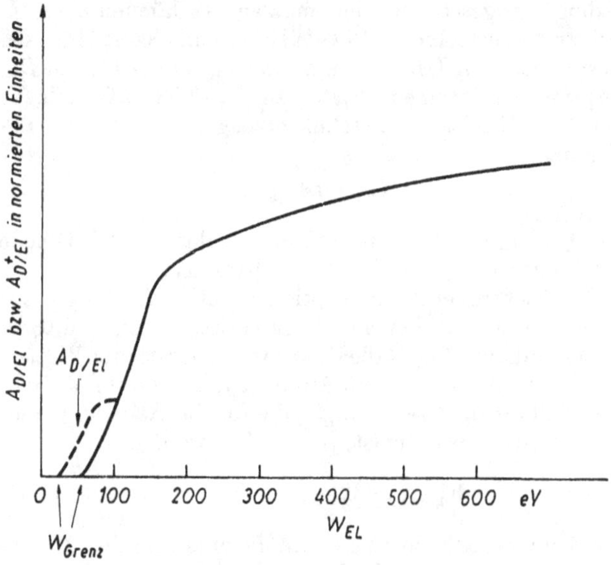

Abb. 3.10. Prinzipieller Verlauf des totalen Desorptionsquerschnittes $A_{\text{D/El}}$ und des Desorptionsquerschnittes für Ionendesorption $A^+_{\text{D/El}}$ bei Elektronenstoßdesorption als Funktion der Energie der desorbierenden Elektronen

dern auch von der Elektronenenergie W_{El} abhängig. Der prinzipielle Verlauf ist in Abb. 3.10 dargestellt, wobei beide Querschnitte bei einer hohen Elektronenenergie normiert wurden, so daß sie bei dieser zusammenfallen. Bei fast allen anderen Energien fallen sie dann auch zusammen. Nur im Bereich der Grenzenergie unterscheiden sich die Verläufe beider Desorptionsquerschnitte. Der totale Wirkungsquerschnitt erstreckt sich bis zu niedrigeren Energien (gestrichelte Kurve). Aus der Energieanalyse der Desorbationen und aus der Messung der Desorptionsquerschnitte lassen sich Aussagen über die Bindungsenergie gewinnen. Neuere Untersuchungen über die Richtungsverteilung der Desorbationen ergaben wichtige Hinweise über die Richtung der Adsorptionskräfte. Hieraus hat sich ein modernes Oberflächenanalysenverfahren entwickelt, das als winkelaufgelöste Elektronenstoßdesorptionsspektrometrie bezeichnet wird und aus der angelsächsischen Literatur die Bezeichnung EIAD erhalten hat (EIAD = **e**lectron **i**nduced **a**ngular **r**esolved **d**esorption **s**pectrometry).

Infolge der kleinen Desorptionsquerschnitte und der damit verbundenen geringen Wirkungen liegt die Hauptbedeutung der Elektronenstoßdesorption auf dem Gebiet der Adsorptionsforschung. Trotzdem kommt ihr auch eine gewisse Bedeutung bei der Säuberung von Oberflächen (Entgasen von Ionisationsmanometern) zu, wobei man allerdings meist thermische Desorption und Elektronenstoßdesorption koppelt.

Wird die zur Desorption nötige Energie durch Photonen zugeführt, spricht man von Photodesorption, bei der für die Desorptionsrate analog zu Gl. (3.53) gefunden wurde

$$-\mathrm{d}\sigma/\mathrm{d}t = \sigma A_{\mathrm{D/Ph}} j_{\mathrm{L}} \qquad (3.58)$$

($A_{\mathrm{D/Ph}}$ = Desorptionsquerschnitt für Photodesorption, j_{L} = Photonenstromdichte in Photonen je Zeit und Fläche). Da für alle bisher untersuchten Systeme $A_{\mathrm{D/Ph}} \ll A_{\mathrm{D/El}}$ ist (für das System Ni–CO wurden z. B. maximale Desorptionsquerschnitte von $10^{-22}\,\mathrm{cm}^2$ gemessen), wird auch dieses Desorptionsverfahren vorwiegend zur Adsorbatuntersuchung eingesetzt, während es sonst noch keine praktische Anwendung gefunden hat.[1])

[1]) In neuester Zeit findet die Photodesorption in Zusammenhang mit der Entwicklung von Kernfusionsreaktoren große Beachtung.

Überträgt man die zur Desorption nötige Energie durch Ionenstoß, dann treten wesentlich höhere Desorptionsquerschnitte auf. In bestimmten Grenzen der Energie und Stromdichte j_{Ion} kann man analog zu den vorhergehenden Gleichungen eine Beziehung

$$-\mathrm{d}\sigma/\mathrm{d}t = \sigma A_{\mathrm{D/Ion}} \frac{j_{\mathrm{Ion}}}{e} \tag{3.59}$$

anwenden ($A_{\mathrm{D/Ion}}$ = Desorptionsquerschnitt für Ionenstoßdesorption). Wegen der hohen Desorptionsquerschnitte nutzt man dieses Verfahren aus, um nicht nur Adsorbate, sondern auch die Substrate zu untersuchen. Dabei wird der Anteil ionisierter Desorbatteilchen gesammelt und einem hochempfindlichen Massenspektrometer zur Massenbestimmung zugeführt (Sekundärionen-Massenspektrometrie = SIMS). Aber auch zur Säuberung von Oberflächen (Abglimmen) oder zur Abtragung von Oberflächenschichten (Ionenstrahlätzen, Sputtern) läßt sich der Ionenstrahlbeschuß verwenden.

3.5.4. Adsorptionsgleichgewichte

Auf einer Substratoberfläche überlagern sich in der Regel Ad- und Desorption, wobei sich ein Gleichgewichtszustand einstellt, der von der Temperatur und dem Druck der umgebenden Atmosphäre bestimmt wird und aus der Gleichheit von Ad- und Desorptionsrate berechnet werden kann. Im einfachsten Fall, wenn die Haftwahrscheinlichkeit $s = c$ ist, gilt

$$c\nu_{\mathrm{A}} = \frac{\sigma}{\tau_0} \mathrm{e}^{-W_{\mathrm{D}}/\mathrm{R}'T}\,. \tag{3.60}$$

Die hieraus folgende Proportionalität zwischen der Adsorbatteilchendichte σ und dem Druck p wird als HENRYsches Gesetz bezeichnet und kann im Fall der Chemisorption experimentell nur bei kleinen Bedeckungen bestätigt werden. Berücksichtigt man, daß jedes Adsorbatteilchen den Platz für andere Adsorbatteilchen „uneinnehmbar“ macht, muß man den Ansatz (3.60) ändern zu

$$c(1 - \Theta)\,\nu_A = \frac{\sigma}{\tau_0}\,e^{-W_D/R'T}, \tag{3.61}$$

wobei $(1 - \Theta) = (\sigma_{max} - \sigma)/\sigma_{max}$ das Verhältnis von freier zu gesamter Oberfläche darstellt und ein Maß für die Wahrscheinlichkeit ist, daß ein auftreffendes Teilchen einen freien Platz finden und überhaupt adsorbiert werden kann. Die Lösung von (3.61) führt zu der von LANGMUIR gefundenen Beziehung

$$\sigma = \sigma_{max}\,\frac{1}{1 + \dfrac{\sigma_{max}}{c\tau\nu_A}}. \tag{3.62}$$

Mit wachsendem Druck nähert sich dieser Ausdruck der Sättigungsbedeckung σ_{max}, die man nicht überschreiten kann. Die Gleichungen (3.60) und (3.61) ergeben bei $T =$ const. Beziehungen $\sigma = \sigma(p)$, die man als Adsorptionsisothermen bezeichnet. In der Praxis werden neben den beiden hergeleiteten Adsorptionsisothermen noch zahlreiche andere beobachtet, die man durch veränderte Voraussetzungen (z. B. dissoziative Adsorption oder diskrete Haftstellen auf der Oberfläche) erklären kann. Durch Messungen der Adsorptionsisothermen und Vergleich mit bestimmten Modellvorstellungen kann man Parameter des Adsorptionsprozesses berechnen.

Zur Ausmessung der Oberfläche von Pulvern, Körnern u. dgl. ist die BRUNAUER-EMMETT-TELLER-Isotherme (BET-Isotherme) von besonderem Interesse. Sie gilt für die Physisorption bei Drücken unter dem Sättigungsdampfdruck p_s ($p < p_s$) und tiefen Temperaturen

$$\frac{p}{V_{ads}(p_s - p)} = \frac{1}{e^{(W_D - W_L)/R'T}\,V_{mono}} + \frac{(e^{(W_D - W_L)/R'T} - 1)\,p}{V_{mono}\,e^{(W_D - W_L)/R'T}\,p_s} \tag{3.63}$$

(V_{ads} = Volumen des adsorbierten Gases, V_{mono} = Volumen einer Monoschicht, W_D = Desorptionsenergie, W_L = Kondensationswärme).

3.5.5. Gasabgabe

Flüssigkeiten und feste Stoffe können in ihrem Inneren sowohl durch die Herstellung als auch durch die Lagerung Gase enthalten. Bei festen Stoffen, die in der Vakuumtechnik als Wandmaterial oder bei Einbauten verwendet werden, können diese in Hohlräume eingeschlossen (okkludiert) oder im Kristallgitter des Festkörpers gelöst sein. Durch ein Konzentrations- bzw. Gasdichtegefälle zwischen dem Materialinneren und der dem Vakuum zugekehrten Oberfläche des Materials können die Gase aus dem Inneren zu dieser Oberfläche diffundieren. Dabei unterscheidet man Volumendiffusion (durch das Kristallgitter einzelner Kristallite) und Korngrenzendiffusion entlang der Korngrenzen. Gelangt das aus dem Inneren diffundierte Gas an die dem Vakuum zugekehrte Oberfläche, dann kann es durch Desorption in den Rezipienten abgegeben werden. Je nachdem, welcher der zwei Teilschritte (Diffusion oder Desorption) am langsamsten verläuft und dadurch die Geschwindigkeit des Gasabgabeprozesses festlegt, spricht man von diffusions- bzw. desorptionsgesteuerter Gasabgabe.

Als Gasabgaberate $\dot{Q} = \mathrm{d}Q/\mathrm{d}t$ bezeichnet man die je Zeiteinheit abgegebene Gasmenge

$$Q = pV. \tag{3.64}$$

Bei der spezifischen Gasabgaberate $\dot{q}$ wird diese Größe noch auf die gesamte geometrische Oberfläche des gasenden Materials bezogen:

$$\dot{q} = \mathrm{d}q/\mathrm{d}t = \frac{\mathrm{d}Q/\mathrm{d}t}{A}. \tag{3.65}$$

Übliche Maßeinheiten sind für die Gasabgaberate $\mathrm{Pa\,m^3} \times \mathrm{s^{-1}}$ und für die spezifische Gasabgaberate $\mathrm{Pa\,m^3\,s^{-1}\,cm^{-2}}$.

Mit der Zeit sinkt bei einer Vakuumanlage der Gasabgabestrom, da das Materialinnere an Gas verarmt. Da sowohl die Diffusion als auch die Desorption exponentiell von der Temperatur abhängen, beeinflußt die Temperatur maßgeblich die Gasabgaberate. Nach einer vorangegangenen Temperaturbehandlung mißt man deshalb i. a. eine wesentlich kleinere Gasabgaberate als vorher. In der Tabelle 3.5 sind die Werte der spezifischen Gas-

Tabelle 3.5

Spezifische Gasabgaberaten einiger Materialien, die in der Vakuumtechnik häufig Verwendung finden, bei Zimmertemperatur

Material	$\dot{q}$/Pa m³ s⁻¹ cm⁻²
Edelstahl	$2 \cdot 10^{-8} \ldots 4 \cdot 10^{-11}$
Stahl, vernick.	$4 \cdot 10^{-10}$
Aluminium	$5 \cdot 10^{-10} \ldots 1 \cdot 10^{-9}$
Wolfram	$5 \cdot 10^{-11}$
Kupfer	$3 \cdot 10^{-8} \ldots 5 \cdot 10^{-8}$
Titan	$1 \cdot 10^{-10} \ldots 3 \cdot 10^{-10}$
Glas	$5 \cdot 10^{-9} \ldots 20 \cdot 10^{-9}$
Vakuumgummi	$10 \cdot 10^{-9} \ldots 50 \cdot 10^{-9}$
Viton	$2 \cdot 10^{-9} \ldots 5 \cdot 10^{-9}$

abgaberate einiger Materialien, die in der Vakuumtechnik viel benutzt werden, zusammengestellt. Die großen Streubereiche kommen dadurch zustande, daß die Herstellung, Lagerung und Vorbehandlung in großem Maße die Gasabgaberate verändern. Da man i. a. die Vorgeschichte des Materials (z. B. Lagerbedingungen und -dauer) nicht kennt, kann man auch keine genaueren Werte für die Gasabgaberaten angeben.

3.5.6. *Permeation*

Trennt eine Festkörperwand zwei Gebiete mit unterschiedlichem Gasdruck, dann kann Gas aus dem Gebiet mit höherem Druck an der Wandoberfläche adsorbiert und im Wandmaterial gelöst werden. Es diffundiert dann durch das Material zu der Oberfläche, die an das Gebiet mit niedrigerem Gasdruck grenzt, und kann dort desorbieren. Der geschilderte Prozeß, der aus den Teilschritten Adsorption, Lösung im Festkörper, Diffusion durch den Festkörper und Desorption in den angrenzenden Gasraum besteht, wird als Permeation bezeichnet. Er läßt sich durch die Beziehung

$$\mathrm{d}Q/\mathrm{d}t = (A/d)\, K_{\mathrm{Perm}} p \tag{3.66}$$

beschreiben, wenn es sich um nichtdissoziative Adsorption handelt und der Druck auf der einen Seite der Trennwand mit der Dicke d und der Fläche A vernachlässigbar klein gegenüber dem Druck p auf der anderen Seite ist. Bei dissoziativer Adsorption findet man hingegen unter sonst gleichen Bedingungen

$$\mathrm{d}Q/\mathrm{d}t = (A/d)\, K_{\mathrm{Perm}} p^{1/2}. \tag{3.67}$$

Die Größe K_{Perm} wird als Permeationskonstante bezeichnet, sie hängt vom System Gas-Festkörper ab und wird durch die Temperatur exponentiell beeinflußt.

3.6. Totaldruckmeßgeräte

Zur Totaldruckmessung im Bereich kleiner Drücke kann man sowohl die Kraftwirkung des Gasdruckes als auch die Druckabhängigkeit der inneren Reibung oder der Wärmeleitung oder der Ionisation eines Gases verwenden. Diese unterschiedlichen Eigenschaften eines Gases erweisen sich in verschiedenen Druckbereichen als geeignete Größen zur Druckbestimmung.

3.6.1. Mechanische Totaldruckmeßgeräte

Bei den mechanischen Totaldruckmeßgeräten benutzt man die Kraftwirkung des Druckes zur Druckmessung. Das primitivste, aber auch das ungenaueste Gerät ist das Röhrenfedermanometer, bei dem die Ausführung von Bourdon, die meist als Bourdon-Rohr bezeichnet wird, für bescheidene Ansprüche benutzt wird.

In der Vakuumtechnik ist es in der Regel ein einseitig geschlossenes, gebogenes Metallrohr mit ovalem Querschnitt (Abb. 3.11a). Als Material für dieses Rohr kommen federelastische Werkstoffe (Federstahl, Bronze oder dgl.) in Frage. Mit dem offenen Ende wird es an die Vakuum-

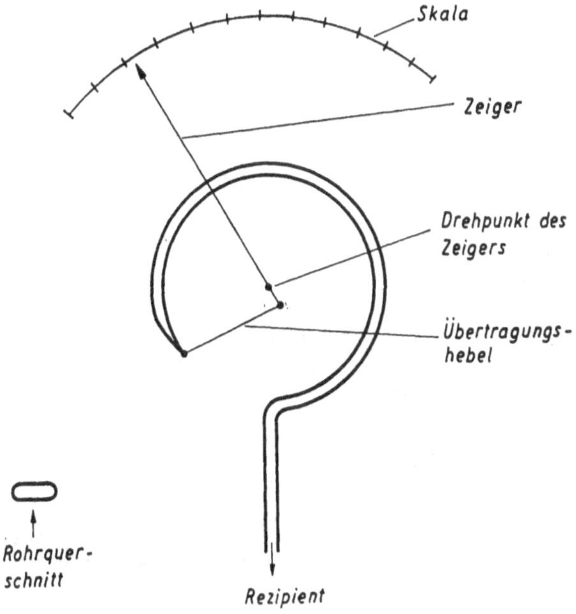

Abb. 3.11. a) Einfache Ausführungsform eines BOURDON-Rohres

anlage, in der man den Druck messen will, angeschlossen Von außen lastet der Luftdruck auf dem gebogenen Rohr Auf Grund der Biegung des Rohres wirkt von der Seite des größeren Durchmessers eine größere Kraft auf die Oberfläche des Rohres als von der Seite des kleineren Durchmessers (Abb. 3.11b). Dies hat zur Folge, daß das Rohr mit sinkendem Innendruck stärker gebogen wird. Die Biegung wird durch einen geeigneten Mechanismus auf einen Zeiger übertragen. Die Skala kann man direkt in Druckwerten kalibrieren. Meßbereich: Atmosphärendruck bis zu ca. 1000 Pa. Die Anzeige ist unabhängig von der Gasart und relativ grob.

Eine höhere Genauigkeit und einen größeren Meßbereich weisen die Membranmanometer auf. Bei diesen

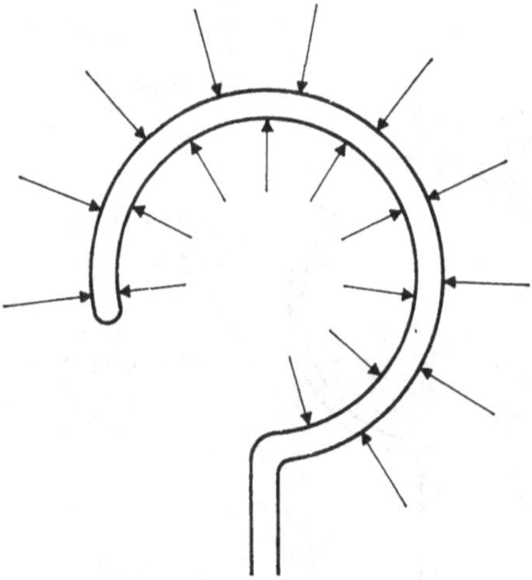

Abb. 3.11. b) Kraftverteilung beim BOURDON-Rohr. Die Pfeile symbolisieren gleiche Kräfte pro Längen- bzw. Oberflächenelement auf der Rohraußenseite bzw. Rohrinnenseite

wird die Durchbiegung einer federelastischen Membran zur Druckmessung benutzt. Die Membran trennt den evakuierten Raum von einem auf höherem Druck befindlichen (Abb. 3.12). Die Durchbiegung kann mechanisch (Bewegung eines Zeigers durch Hebelübertragung), elektrisch (kapazitive Anzeige) oder optisch (Bewegung eines Spiegels durch Hebelübertragung, Anzeige durch Lichtzeiger oder Interferenzmessung) angezeigt werden. Bei der optischen und elektrischen Anzeige lassen sich noch außerordentlich kleine Membrandeformationen nachweisen, so daß man mit dieser Anzeigeart noch sehr kleine Druckdifferenzen zwischen den beiden Räumen, die die Membran trennt, messen kann. Meßbereich bei mechanischer Anzeige: Atmosphärendruck bis 10 Pa, bei elektrischer Anzeige: Atmosphärendruck bis 10^{-3} Pa, bei optischer Anzeige: 10^4 Pa bis 10^{-2} Pa bei Lichtzeigerablesung, 20 Pa bis 10^{-3} Pa bei Interferenzmessung. Die Anzeige ist unabhängig von der Gasart.

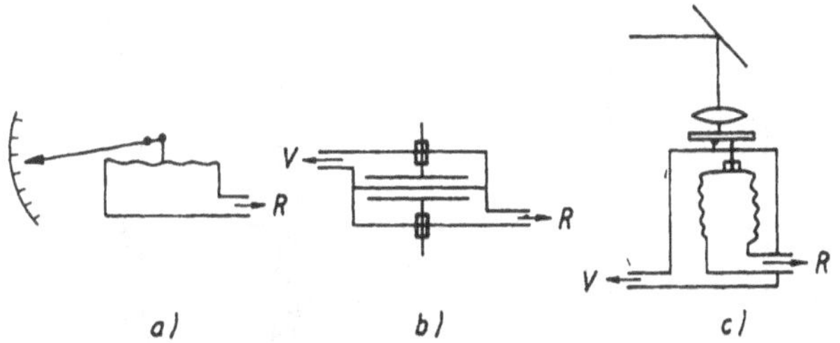

Abb. 3.12. Ausführungsformen von Membranmanometern,
a) mechanische Anzeige,
b) elektrische (kapazitive) Anzeige,
c) optische Anzeige

Bei Flüssigkeitsmanometern benutzt man den hydrostatischen Druck einer Flüssigkeit zur Kompensation des Gasdruckes. Der einfachste denkbare Fall ist in Abb. 3.13a dargestellt: ein offenes U-Rohr-Manometer, auf dessen eine (offene) Seite der Atmosphärendruck p_0 wirkt. Die andere Seite ist mit dem Rezipienten (R) der Vakuumanlage, in der man den Druck p messen will, verbunden. Die Druckdifferenz $p_0 - p = \varrho g h$ (g = Fallbeschleunigung) zeigt an, um wieviel der Druck im Inneren der Vakuumanlage kleiner als der Atmosphärendruck ist. Offene U-Rohr-Manometer benutzt man jedoch kaum, da man zusätzlich zu der Druckdifferenz am U-Rohr-Manometer noch den jeweils herrschenden Atmosphärendruck bestimmen müßte. Um den Einfluß des Luftdruckes zu eliminieren, benutzt man in der Praxis meist einseitig geschlossene U-Rohr-Manometer (Abb. 3.13b). Die geschlossene Seite ist gut evakuiert (TORRICELLIsches Vakuum im Falle der Füllung mit Quecksilber). Die andere, offene Seite ist mit der Vakuumanlage verbunden. Bei sehr gutem Vakuum (Druckwerte unter 10 Pa) stehen

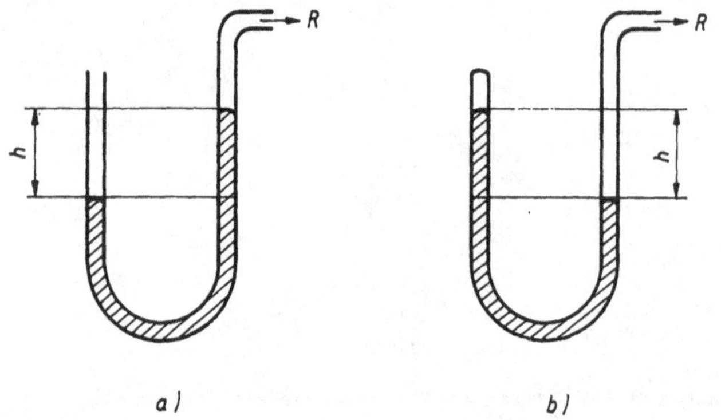

Abb. 3.13. U-Rohr-Manometer,
a) offene Form, b) geschlossene Form

beide Menisken der Füllflüssigkeit gleichhoch. Erhöht sich jedoch in der Anlage der Druck, dann steigt die Flüssigkeit in dem geschlossenen Schenkel allmählich hoch. Der Druck in der Vakuumanlage kann unmittelbar aus dem Höhenunterschied der Menisken der Füllflüssigkeit abgelesen werden:

$$p = \varrho g h$$

(ϱ = Dichte der Füllflüssigkeit).

In der Regel benutzt man Quecksilber als Füllflüssigkeit. Andere Substanzen besitzen zwar den Vorteil einer geringeren Dichte ϱ, sie bleiben jedoch oft an dem Glasrohr hängen (Hangphänomen) oder haben einen sehr hohen Dampfdruck oder eine hohe Gaslöslichkeit (diese Flüssigkeiten verändern durch Aufnahme oder Abgabe von Gas den Druck in kleinen Rezipienten und schäumen beim Evakuieren), so daß sie als Füllflüssigkeit nicht in Betracht kommen. (Als geeignete Füllflüssigkeit wird z. Z. neben Quecksilber auch Dibutylphtalat, das eine Dichte von nur 1,05 g cm^{-3} besitzt, angesehen.)

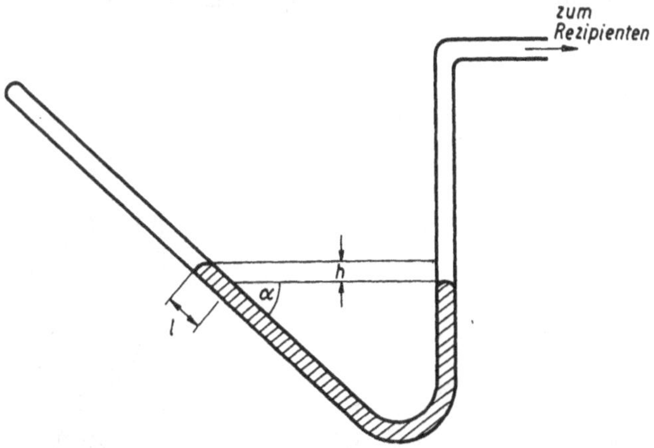

Abb. 3.14. Flüssigkeitsmanometer mit geneigtem Schenkel

Der Meßbereich der U-Rohr-Manometer erstreckt sich vom Atmosphärendruck bis zu etwa 100 Pa (1 mm Höhenunterschied der beiden Quecksilbermenisken ist gleich 1 Torr = 133,32 Pa). Kleinere Druckwerte kann man dadurch erfassen, daß man das geschlossene U-Rohr-Manometer neigt (Abb. 3.14). Bei sehr flach geneigten U-Rohr-Manometern kann man auch bei kleineren Druckwerten noch entsprechend der Beziehung

$$l = h/\sin \alpha \tag{3.69}$$

Unterschiede zwischen den Menisken der beiden Quecksilbersäulen messen.

Wesentlich kleinere Druckwerte kann man jedoch nur mit Kompressionsmanometern messen, die in ihrer Grundkonzeption auf eine Erfindung von McLeod im Jahre 1879 zurückgehen. Diese Geräte nutzen die Zustandsgleichung für ideale Gase (Gl. (3.1.)) aus. Die prinzipielle Konstruktion eines solchen Gerätes ist in Abb. 3.15 dargestellt. Der Abbildungsteil a) zeigt das Gerät vor der Messung. Über das Rohr R ist das Kugelvolumen V_M mit dem

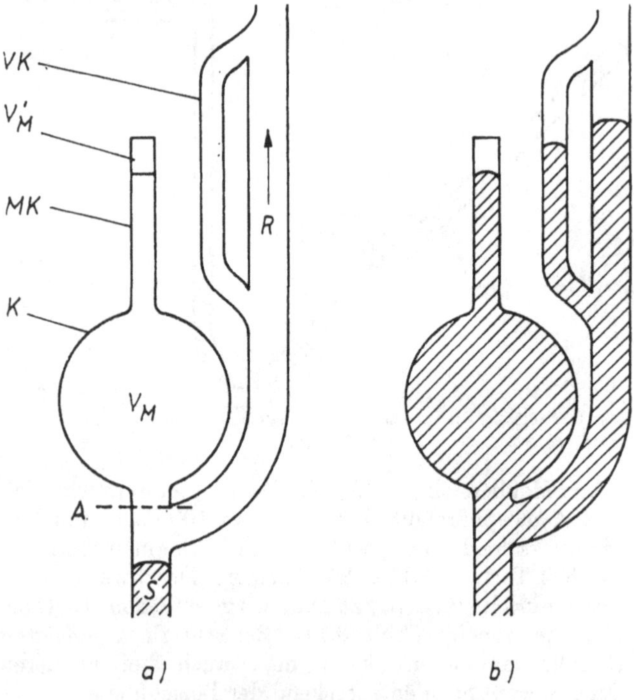

Abb. 3.15. Kompressionsmanometer nach McLeod

a) mit heruntergezogener Quecksilbersäule S,

b) mit hochgedrücktem Quecksilber,

VK = Vergleichskapillare, MK = Meßkapillare, V_M = Meßvolumen, V'_M = Volumen nach der Kompression, A = Ende des Meßvolumens, R = zum Rezipienten

Rezipienten verbunden. In dem Kugelvolumen stellt sich der gleiche Druck wie im Rezipienten ein. Läßt man den Quecksilberspiegel S ansteigen, dann sperrt er nach Erreichen der Linie A das Kugelvolumen von dem Rezipienten ab. Durch weiteres Ansteigen des Quecksilbers wird das Kugelvolumen V_M bis zu dem kleinen Meßvolumen V'_M reduziert (Abb. 3.15b). Gemäß dem BOYLEschen Gesetz steigt dabei — isotherme Kompression vorausgesetzt — der Gasdruck in dem abgeschlossenen Volumen an. Er wird durch eine Quecksilbersäule der Höhe h in der Vergleichskapillare VK kompensiert. Die Vergleichskapillare hat den gleichen Durchmesser wie die am Kugelvolumen angebrachte Meßkapillare MK, an der V'_M markiert ist. Dadurch wird die Kapillardepression eliminiert. Aus der Beziehung

$$pV_M = (p + \varrho gh)\, V'_M$$

folgt für $p < \varrho gh$

$$p \approx \varrho gh V'_M / V_M \,. \tag{3.70}$$

Die Druckmessung ist somit auf Längen- und Volumenmessungen zurückgeführt. Das Kompressionsmanometer nach McLEOD ist das einzige Vakuummeßgerät, das zur Eichung benutzt werden kann. Kondensierbare Dämpfe, die in dem Kompressionsbereich kondensieren, führen zu außerordentlich starken Meßfehlern. Für sie gilt (3.70) nicht mehr. Durch hinreichend kleine Werte von V'_M (ca. 1 mm^3) und große Werte von V_M (ca. 10^3 cm^3) ist es möglich, Druckwerte bis zu 10^{-3} Pa, ja evtl. sogar bis zu 10^{-4} Pa zu messen. Da der Dampfdruck des Quecksilbers auf beiden Seiten wirkt, hebt er sich aus Gl. (3.70) heraus.

Neben der linearen Skala gibt es noch Geräte, die eine quadratische Skala aufweisen. Bei diesen läßt man das Quecksilber in der Vergleichskapillare immer bis zum Ende der Meßkapillare steigen (Abb. 3.16). In der Meßkapillare hat man demzufolge keinen festen Quecksilberspiegel, sondern dessen Höhe schwankt je nach dem

Druck. Ist h die Entfernung zwischen dem Ende der Meßkapillare und der Höhe des Quecksilbermeniskus, dann gilt mit $V'_M = \pi r^2 h$

$$p \approx \varrho g h \frac{\pi r^2 h}{V_M}. \tag{3.71}$$

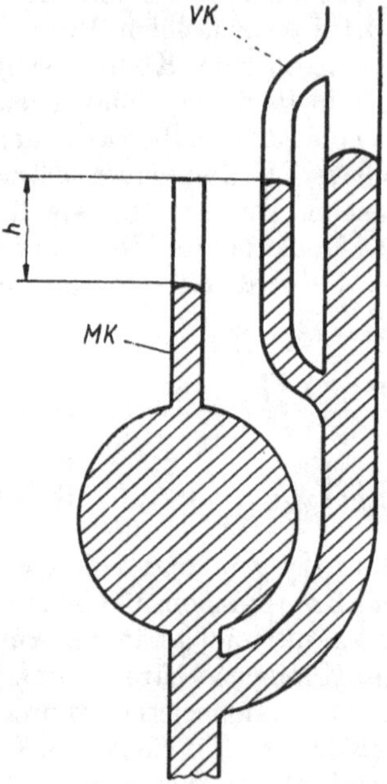

Abb. 3.16. Kompressionsmanometer nach McLeod mit quadratischer Anzeige

Man erkennt, daß alle Größen bis auf h Gerätekonstanten sind und somit $p \sim h^2$ ist.

Sofern keine allzu große Genauigkeit gefordert wird, benutzt man vereinfachte Formen von Kompressionsmanometern, sog. Drehvakuummeter. Bei diesen wird eine kleine, genau festgelegte Quecksilbermenge durch Drehen in das zu komprimierende Meßvolumen gebracht. Die Drehung erfolgt um eine gefettete Schliffverbindung.

Vom Hersteller sind auf den Glasröhren des Gerätes Druckskalen angebracht. Durch Zurückdrehen der Anordnung stellt man die Verbindung zwischen dem Meßvolumen und dem Rezipienten wieder her (vgl. Abb. 3.17). Der Meßbereich dieser Geräte reicht von ungefähr 10^{-2} Pa bis zu ca. 10^3 Pa.

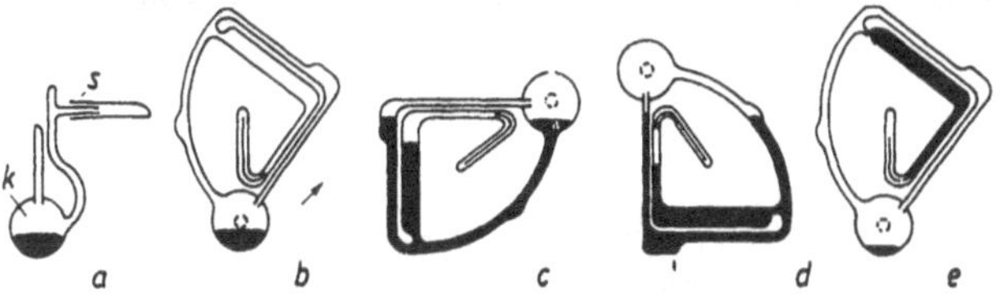

Abb. 3.17. Drehvakuummeter nach MOSER (verschiedene Stellungen)

Ein wesentlicher Nachteil aller Kompressionsmanometer (auch der Drehvakuummeter) ist die diskontinuierliche Messung. Des weiteren ist die Verwendung von Quecksilber nicht ganz ungefährlich (Verspritzungsgefahr!). Allen mechanischen Manometern ist gemeinsam, daß sie den Totaldruck unabhängig von der Gasart anzeigen. Man kann sie infolgedessen für nahezu alle Gase benutzen. Gewisse Einschränkungen ergeben sich nur bezüglich korrosiver Gase, die die meisten Metalle (evtl. auch Quecksilber) angreifen, und — im Falle der Kompressionsmanometer — bezüglich kondensierbarer Dämpfe, die die Ursache großer Meßfehler sein können.

3.6.2. Wärmeleitungsmanometer

Entsprechend den Gleichungen (3.34) und (3.37) ist bei hinreichend niedrigen Drücken, wenn die mittlere freie Weglänge in die Größenordnung der Gefäßdimensionen kommt, die spezifische Wärmeleitfähigkeit eines Gases nicht mehr unabhängig vom Gasdruck. Sie sinkt mit abnehmendem Druck. Diese Erscheinung benutzt man bei dem Wärmeleitungsmanometer zur Druckmessung. Die einfachste Ausführung eines solchen Manometers zeigt Abb. 3.18. Ein Widerstandsdraht ist in einer Meßzelle, die mit dem Rezipienten in Verbindung steht, ausgespannt. Der Widerstandsdraht wird mit einer konstanten elektrischen Leistung geheizt. Im Bereich höherer Drücke, in dem die spezifische Wärmeleitfähigkeit des Gases druckunabhängig ist, wird unabhängig vom Druck

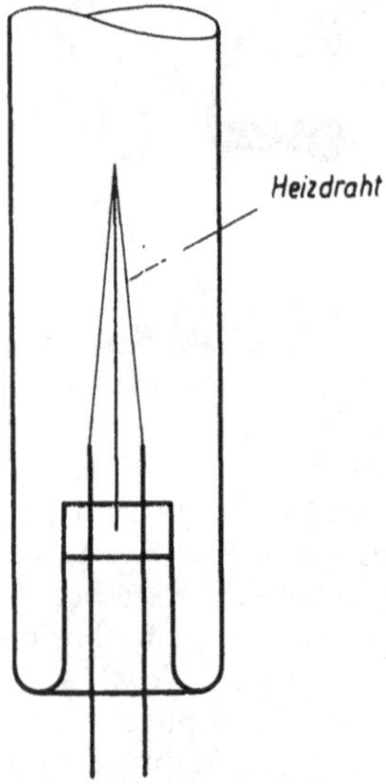

Abb. 3.18. Meßröhre eines Wärmeleitungsmanometers

eine konstanter Wärmestrom Q_W über die Zuleitungen des Heizdrahtes, durch das Gas und durch Wärmestrahlung abgeleitet. Mit sinkendem Druck kommt man in den Bereich, in dem die spezifische Wärmeleitfähigkeit des Gases druckabhängig wird. Eine genauere Untersuchung zeigt, daß die Wärmeleitfähigkeit des Gases bereits dann druckabhängig wird, wenn die mittlere freie Weglänge in die Größenordnung des Drahtdurchmessers kommt. Dann sinkt auch der durch das Gas abgeleitete, auf die Temperaturdifferenz zwischen Draht und Umgebung bezogene Wärmestrom. Bei konstanter Heizleistung fällt der Absolutwert des durch das Gas abgeleiteten Wärmestroms langsamer als der Druck, weil die Drahttemperatur ansteigt. Schließlich gelangt man mit weiter sinkendem Druck in einen Bereich, in dem die Wärmeableitung durch die Zuleitungen und durch Wärmestrahlung überwiegen. Der Wärmestrom wird

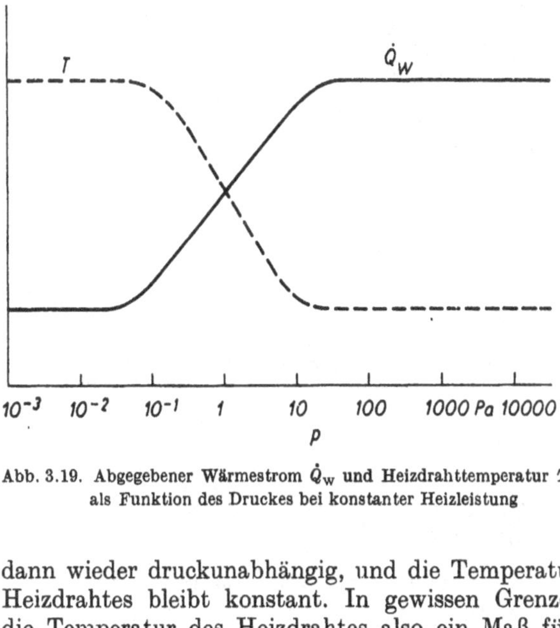

Abb. 3.19. Abgegebener Wärmestrom $\dot{Q}_W$ und Heizdrahttemperatur T als Funktion des Druckes bei konstanter Heizleistung

dann wieder druckunabhängig, und die Temperatur des Heizdrahtes bleibt konstant. In gewissen Grenzen ist die Temperatur des Heizdrahtes also ein Maß für den Druck (Abb. 3.19). Die Drahttemperatur kann man z. B. aus dem Widerstand des Drahtes ermitteln. Hierzu ist eine WHEATSTONE-Brückenschaltung (Abb. 3.20) geeignet. Bei sehr niedrigem Druck wird der Widerstand R_3 so eingeregelt, daß die Brücke stromlos ist. Bei sehr hohem Druck (etwa Atmosphärendruck) wird der Vorwiderstand R_V so eingeregelt, daß das Brückeninstrument Vollausschlag zeigt. Diese Meßanordnung zur Druckmessung wurde 1906 von PIRANI vorgeschlagen und wird nach ihm PIRANI-Manometer genannt. Als Widerstandsdrähte werden dünne Wolfram-, Molybdän- oder Platindrähte benutzt.

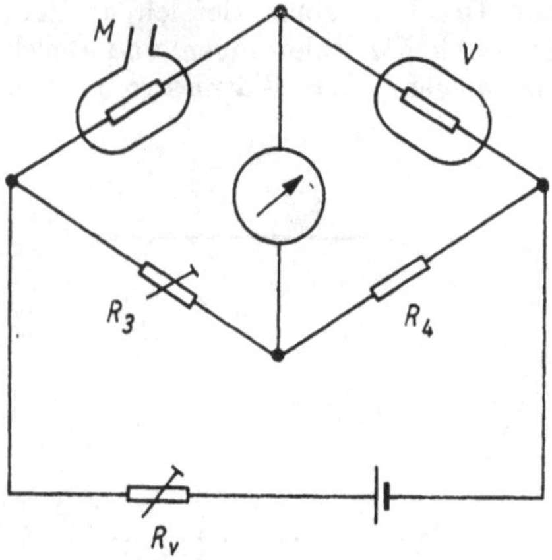

Abb. 3.20. Brückenschaltung für ein PIRANI-Manometer, M = Meßröhre, V = Vergleichswiderstand

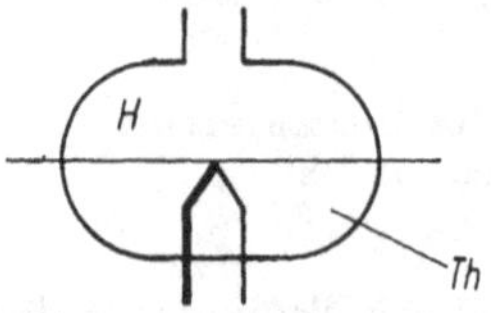

Abb. 3.21. Thermoelektrisches Wärmeleitungsmanometer, Prinzip H = Heizdraht, Th = Thermoelement

Zur Temperaturmessung kann man auch ein Thermoelement benutzen. In Abb. 3.21 ist die prinzipielle Anordnung des thermoelektrischen Manometers dargestellt. Hier ist die Thermospannung ein Maß für den Druck. Der Meßbereich der Wärmeleitungsmanometer erstreckt sich in der Regel von 0,1 bis zu 10 Pa. Durch bestimmte Kunstgriffe (z. B. geschickte Dimensionierung der Meßzelle oder erhöhte Heizleistung) läßt er sich noch etwas erweitern. An den Rändern des Meßbereiches hat man keine lineare Beziehung zwischen Druck und Ausschlag des Meßinstrumentes. Infolge der Gasspezifik der Wärmeleitfähigkeit ist die Druckanzeige der Wärmeleitungsmanometer gasartabhängig. In der Regel werden die Geräte für eine der Luftzusammensetzung entsprechende Gaszusammensetzung kalibriert. Abweichungen von dieser Zusammensetzung können große Meßfehler verursachen.

3.6.3. Reibungsmanometer

Ähnlich wie die Abhängigkeit der spezifischen Wärmeleitfähigkeit vom Druck kann man auch die Druckabhängigkeit der inneren Reibung zur Druckmessung ausnutzen. Manometer, die auf diesem Prinzip beruhen, haben sich in der Praxis kaum durchgesetzt. Bei der einfachsten Konstruktion befindet sich in einer mit dem Rezipienten in Verbindung stehenden Meßzelle (Abb. 3.22) ein Quarzfaden, der zu Schwingungen angeregt wird. Die Schwingungsamplitude nimmt infolge der inneren Reibung des Gases ab. Das logarithmische Dämpfungsdekrement ist ein Maß für die innere Reibung des Gases und damit für den Druck. Die in Abb. 3.22 dargestellte Meßzelle kann aus völlig korrosionsbeständigen Materialien hergestellt werden, so daß dieses Meßgerät u. U. für Chemiker, die stark korrosive Gase untersuchen müssen, geeignet ist. Von Nachteil ist bei dieser einfachen Konstruktion, daß die Messung diskontinuierlich und sehr zeitaufwendig ist. Ebenso wie bei den Wärmeleitungsmanometern ist die Druckanzeige gasspezifisch. Von der Industrie wurden auch kontinuierlich arbeitende Reibungsmanometer entwickelt, die sich aber nicht durchgesetzt haben.

3.6.4. Radiometermanometer

Die Radiometermanometer nutzen den thermischen Molekulardruck zur Vakuummessung aus. Stehen sich in einem Gas zwei Platten A und B mit unterschiedlichen

Temperaturen T_1 und T_2 ($T_1 > T_2$) gegenüber (Abb. 3.23), dann bewirkt die Temperaturdifferenz unterschiedliche Teilchendichten an den Platten. Im stationären Zustand sind beide Teilchenströme j_{AB} und j_{BA} gleichgroß. Diese Teilchenströme transportieren aber unterschiedliche Impulse, so daß von der heißeren Platte

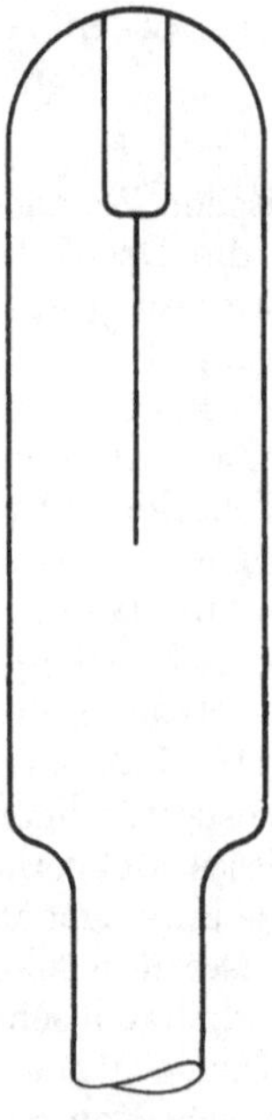

Abb. 3.22. Einfachste Ausführung eines Reibungsmanometers

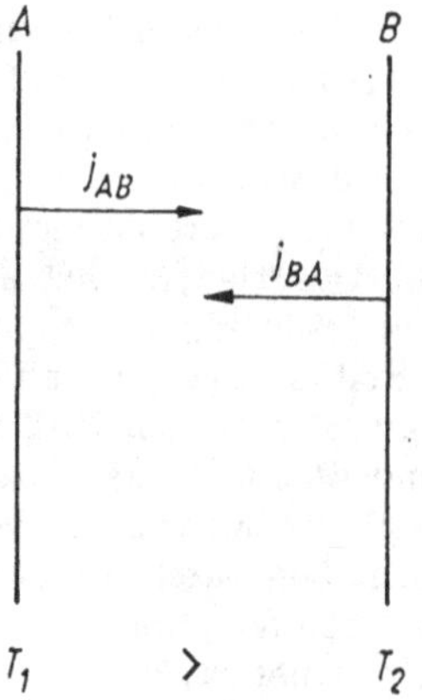

Abb. 3.23. Teilchenstromdichten beim Radiometermanometer

ein größerer Druck auf die kältere übertragen wird als umgekehrt. Die daraus resultierende Kraftwirkung läßt sich mit der in Abb. 3.24 dargestellten Anordnung nachweisen. Bei diesem Radiometermanometer nach KNUDSEN sind I und II Platten, die sich infolge elektrischer Heizung auf einer erhöhten Temperatur T_1 befinden. Ein drehbar angeordnetes Rähmchen R befindet sich auf der Zimmertemperatur T_2. Durch die Impulsübertragung von den beiden heißen Platten wird es aus seiner Ruhelage gebracht. Dem dadurch erzeugten Drehmoment wirkt das Richtmoment der Aufhängung entgegen. Die Gleichgewichtslage, die aus der Verdrehung des mit dem Rähm-

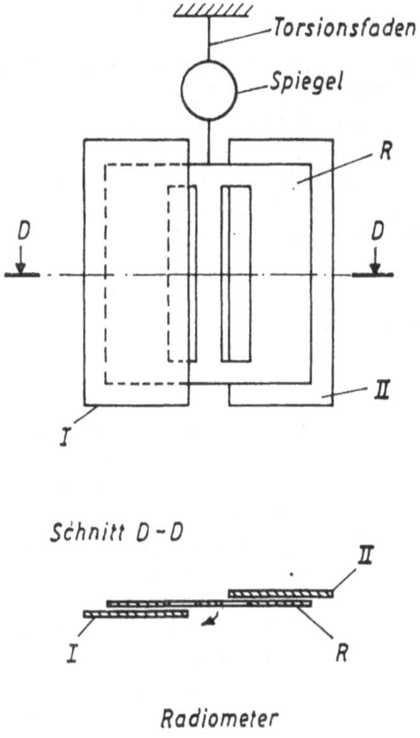

Abb. 3.24. Radiometermanometer

chen starr verbundenen Spiegels abgelesen werden kann, ist ein Maß für den Druck. Sind I das Trägheitsmoment des Rähmchens, das sich auf der Umgebungstemperatur T_2 befindet, A die Fläche des Rähmchens, die den geheizten Flächen gegenübersteht, x der Ausschlag des Lichtzeigers an einer Skala, l der Abstand der Skala vom

Spiegel und τ die Schwingungsdauer des Rähmchens, dann gilt

$$p = \frac{4\pi^2 I x}{r A \tau^2 l} \cdot \frac{T_2}{T_1 - T_2} \tag{3.72}$$

(r = mittlerer Radius des Rähmchens).

Die Druckanzeige dieses Manometers ist unabhängig von der Gasart. Der Meßbereich erstreckt sich von etwa 0,1 Pa bis herab zu etwa 10^{-4} Pa (im Extremfällen bis zu 10^{-6} Pa). Nachteilig ist bei diesem Gerät, daß sein Aufbau dem eines empfindlichen Galvanometers ähnelt, d. h., es reagiert auf kleinste Stöße und Schwingungen. Dadurch wird in letzter Konsequenz der kleinste meßbare Druck begrenzt.

3.6.5. *Ionisationsmanometer*

Die am meisten benutzten Vakuummeßgeräte sind die Ionisationsmanometer. Ihre Wirkungsweise beruht darauf, daß Elektronen durch unelastische Zusammenstöße mit Gasteilchen diese ionisieren können. Die Zahl der dabei gebildeten Ionen ist unter bestimmten Umständen ein Maß für den Druck. Die in Abb. 3.25 dargestellte spezifische Ionisierung S ist gleich der von einem Elektron bei einem Gasdruck von 1 Pa erzeugten Anzahl von Ionenpaaren, wenn das Elektron einen Weg von 1 cm durchläuft. Diese Größe hängt von der Elektronenenergie und der Gasart ab. Die Ionisierung nutzt man zur Druckmessung aus, indem man Elektronen erzeugt und durch das Gas schießt. Die gebildeten Ionen saugt man ab und benutzt sie als Maß für den Druck. Je nach Art der Elektronenerzeugung unterscheidet man Glühkatoden- und Kaltkatoden-Ionisationsmanometer.

3.6.5.1. *Glühkatoden-Ionisationsmanometer*

Bei den Glühkatoden-Ionisationsmanometern werden die Elektronen durch eine direkt geheizte Glühkatode erzeugt. Als Katodenmaterial wird meist Wolfram, thorier-

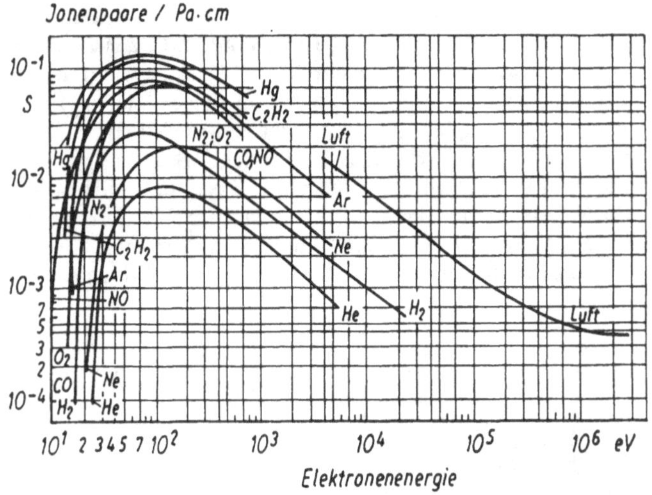

Abb. 3.25. Spezifische Ionisierung S als Funktion der Elektronenenergie

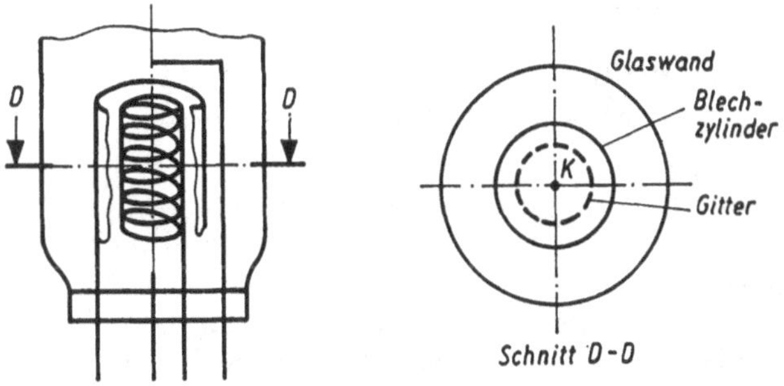

Abb. 3.26. Glühkatoden-Ionisationsmanometer, klassische Triodenausführung,

tes Wolfram oder — für besondere Zwecke — Iridium oder Rhenium mit einem Überzug von Thoriumoxid oder Yttriumoxid benutzt. Edelmetallkatoden mit Thorium- oder Yttriumoxidüberzug werden als „durchbrennsichere" Katoden bezeichnet. Der Aufbau eines Ionisationsmanometers mit Glühkatode ähnelt im einfachsten Fall dem einer klassischen Triode (Abb. 3.26). Die axial ausgespannte Katode K ist von einem Gitter und einem Blechzylinder umgeben. Je nachdem, ob dieser Blechzylinder positiv oder negativ gegenüber der Katode ist, spricht man von der A- oder B-Schaltung. Bei der A-Schaltung fliegen die Elektronen von der Katode durch das Gitter hindurch zu dem Blechzylinder. Sie durchlaufen relativ kurze Wege, auf denen sie Gasteilchen ionisieren können. Die positiven Gasionen werden von dem in Bezug auf die

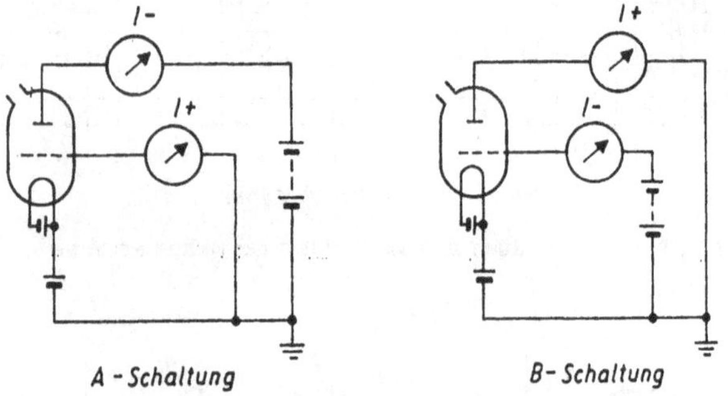

Abb. 3.27. A- und B-Schaltung des Trioden-Ionisationsmanometers

Katode negativ geladenen Gitter abgesaugt. In einem äußeren Stromkreis mißt man den zum Gitter fließenden Ionenstrom. Bei der B-Schaltung pendeln die Elektronen um das Gitter und gelangen schließlich auf das in Bezug auf die Katode positive Gitter. Die durch unelastische Zusammenstöße entstandenen positiven Gasionen gelangen auf den in Bezug auf die Katode negativ geladenen Blechzylinder. Bei beiden in Abb. 3.27 dargestellten Schaltungsarten ist das Verhältnis von Ionenstrom zu Elektronenstrom dem Druck proportional:

$$p = \frac{I_+}{C I_-}. \tag{3.73}$$

Die Größe C wird als Empfindlichkeit des Ionisationsmanometers bezeichnet. Sie hat die Maßeinheit Pa^{-1} und wird von den Abmessungen der Elektroden, den Potentialen und der Gasart bestimmt. Theoretisch läßt sie sich berechnen, indem man das Integral

$$C = \int_{r_K}^{r_A} S(W_{el})\, dr \qquad (3.74)$$

(r_K = Ort der Katode, r_A = Ort der Anode, dr = Wegelement) über den gesamten Weg des Elektrons berechnet. Dazu muß man die Potentialverhältnisse in der Ionisationsmanometerröhre und auch die Elektronenbahnen genau kennen. Relativ einfach ist dies bei der A-Schaltung. Bei der B-Schaltung muß man berücksichtigen, daß die Elektronen mehrfach um das Gitter pendeln. Erste Rechnungen hierzu stammen von Morgulis aus dem Jahre 1934. Die Abweichungen zwischen Theorie und Experiment betrugen nur wenige Prozent. Heute ist es allgemein üblich, die Empfindlichkeit durch Kalibrierung mit einem Kompressionsmanometer nach McLeod zu bestimmen. Übliche Empfindlichkeiten für Ionisationsmanometer liegen in der Größenordnung von 0,1 Pa^{-1}.

Der bei *Trioden-Ionisationsmanometern* beobachtete Ionenstrom-Druckverlauf (bei konstanten Potentialen und konstantem Elektronenstrom) ist in Abb. 3.28 dargestellt. Bei kleinen Druckwerten mißt man einen konstanten Strom am Ionenkollektor. Die Ursache dafür war lange unbekannt. Erst 1950 wurde auf der Grundlage der Röntgenstrahlhypothese von Nottingham die Ursache des konstanten Stromes von Bayard und Alpert experimentell nachgewiesen. Entsprechend der Röntgenstrahlhypothese lösen die auf die Anode auftreffenden Elektronen aus der Anode eine weiche Röntgenbremsstrahlung aus. Die Grenzwellenlänge λ_{grenz} kann man leicht anhand der Beziehung

$$eU_A = hc/\lambda_{grenz} \qquad (3.75)$$

berechnen. U_A ist die von den Elektronen durchlaufene Potentialdifferenz, h das PLANCKsche Wirkungsquantum und c die Lichtgeschwindigkeit. (Bei einer Anodenspannung von $U_A = 200$ V erhält man eine Grenzwellenlänge von $\lambda_{grenz} \approx 6$ nm, eine Wellenlänge im langwelligen

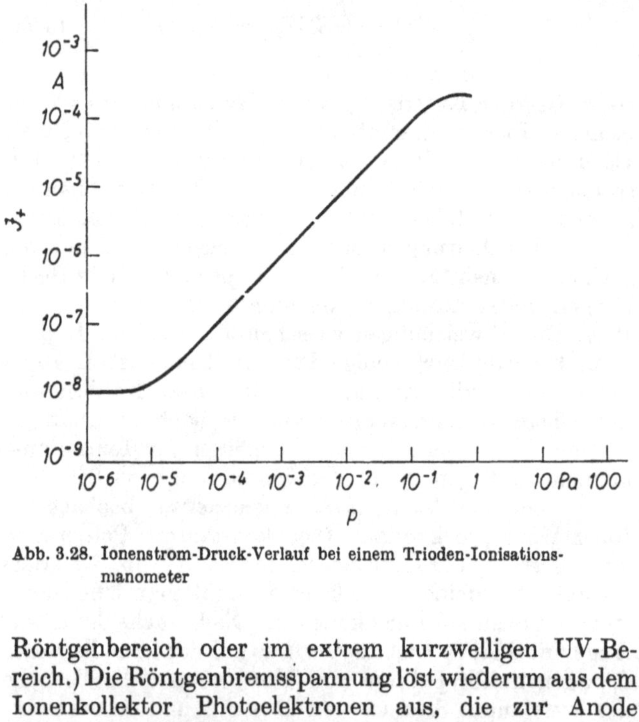

Abb. 3.28. Ionenstrom-Druck-Verlauf bei einem Trioden-Ionisationsmanometer

Röntgenbereich oder im extrem kurzwelligen UV-Bereich.) Die Röntgenbremsspannung löst wiederum aus dem Ionenkollektor Photoelektronen aus, die zur Anode fliegen. Ein Meßinstrument in einem äußeren Stromkreis kann nicht zwischen den Ionen und den vom Ionenkollektor wegfliegenden Photoelektronen unterscheiden. Der positive Strom am Ionenkollektor muß deshalb genauer folgendermaßen geschrieben werden:

$$I_+ = CpI_- + I_r, \tag{3.76}$$

wobei I_r der durch die Bremsstrahlung erzeugte Photoelektronenstrom ist und nach Untersuchungen von SCHÜTZE u. a. ausgedrückt werden kann durch

$$I_r = C_r I_- . \tag{3.77}$$

(C_r = Photoelektronenkonstante, abhängig von der Systemgeometrie). Als unteren Grenzdruck p_{ugrenz} definiert man den Druck, bei dem der Photoelektronenstrom 10% des Ionenstromes ist und erhält unter dieser Bedingung aus (3.76) und (3.77)

$$p_{\text{ugrenz}} \approx 10 C_r / C . \tag{3.78}$$

Man kann den unteren Grenzdruck, der bei dem Trioden-Ionisationsmanometer in der Größenordnung von 10^{-5} Pa bis 10^{-6} Pa lag, erniedrigen, indem man entweder die Empfindlichkeit C wesentlich vergrößert oder die Photoelektronenkonstante C_r verkleinert. BAYARD und ALPERT machten von der letzten Möglichkeit Gebrauch, indem sie den Ionenkollektor wesentlich verkleinerten und so anordneten, daß nur noch ein winziger Bruchteil der Bremsstrahlung auf den Ionenkollektor treffen konnte. Die Konstruktion von BAYARD-ALPERT, die heute allgemein benutzt wird und unter der Bezeichnung BAYARD-ALPERT-*Ionisationsmanometer* im Handel ist, ist in Abb. 3.29 dargestellt. Der Ionenkollektor IK besteht hier aus einem dünnen Draht, der axial angeordnet ist und von dem Gitter A, das als Anode dient, konzentrisch umgeben wird. Die Katode K — eine direkt geheizte Wolframkatode — befindet sich außerhalb des Gitters. Die Betriebsparameter (Spannung zwischen Ionenkollektor und Katode, Spannung zwischen Katode und Anode, Elektronenstrom und Empfindlichkeit) sind etwa die gleichen wie bei der B-Schaltung des Trioden-Ionisationsmanometers. Nur wird durch die Lage und Form des Ionenkollektors erreicht, daß im Vergleich zum Trioden-Ionisationsmanometer wesentlich weniger Bremsstrahlung den Ionenkollektor treffen kann. Der untere Grenzdruck dieses Manometers liegt dementsprechend bei 10^{-7} bis 10^{-8} Pa. Als Beweis für die Röntgenstrahlhypothese kann folgendes Experiment, das BAYARD und ALPERT durchführten, angesehen werden. Erhöht man bei konstantem Druck und konstantem Elektronenstrom die Spannung zwischen Katode und Anode, dann erhält man

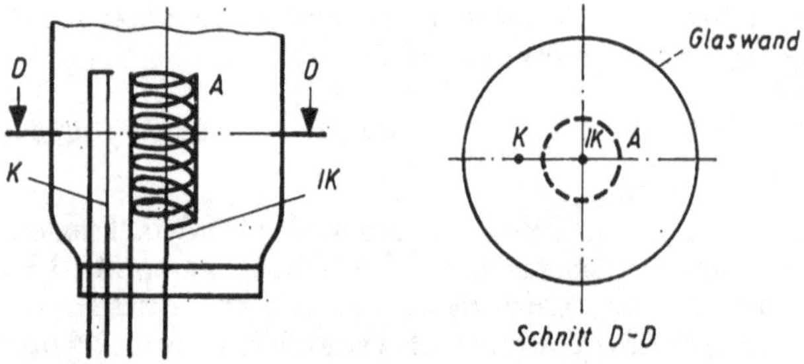

Abb. 3.29. BAYARD-ALPERT-Ionisationsmanometer

bei einem relativ hohen Druck einen Ionenstrom-Anodenspannungsverlauf, der der Abhängigkeit der spezifischen Ionisierung von der Elektronenenergie ähnelt, d. h., er durchläuft ein Maximum. Bei niedrigeren Drücken stellt man jedoch fest, daß der Strom am Ionenkollektor wieder ansteigt. Die Ursache hierfür ist der Photoelektronenstrom. Wie Abb. 3.30 zeigt, tritt dieses Verhalten bei dem Trioden-Ionisationsmanometer bei viel höheren Drücken als beim BAYARD-ALPERT-Manometer auf.

Zahlreiche Versuche sind unternommen worden, um noch kleinere Drücke messen zu können, aber nur wenige haben sich auf dem kommerziellen Sektor durchgesetzt. Von P. A. REDHEAD wurde das *Modulatorprinzip* vorgeschlagen. Gemäß Abb. 3.31 ist innerhalb des als Anode wirkenden Gitters A beim BAYARD-ALPERT-Manometer noch eine zusätzliche, drahtförmige Elektrode, der Modu-

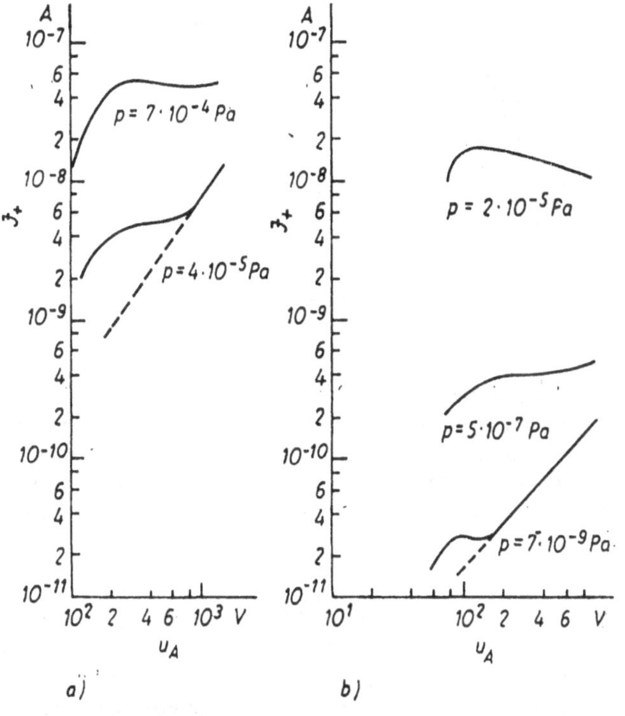

Abb. 3.30. Ionenstrom als Funktion der Anodenspannung bei konstantem Elektronenstrom und konstanter Absaugspannung für verschiedene Druckwerte,

a) beim Trioden-Ionisationsmanometer, b) beim BAYARD-ALPERT-Ionisationsmanometer

lator M, angeordnet. Im Betriebszustand 1 befindet sich der Modulator auf Anodenpotential. Am Ionenkollektor IK mißt man den Strom

$$I_{+1} = CpI_{-} + I_{r}. \qquad (3.79)$$

Im Betriebszustand 2 wird der Modulator auf Erdpoten-

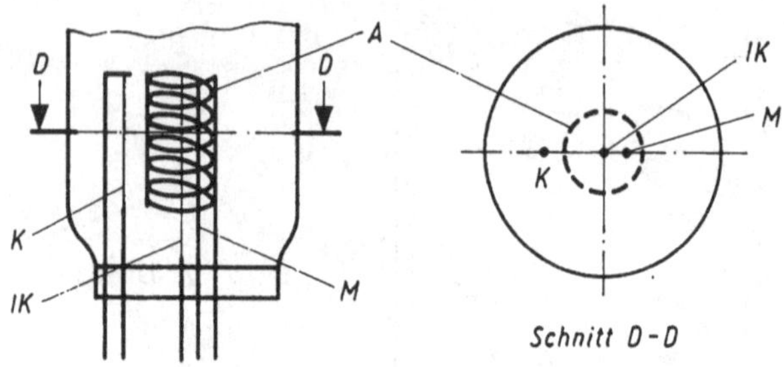

Abb. 3.31. BAYARD-ALPERT-Ionisationsmanometer mit Modulator nach REDHEAD

tial, also auf das gleiche Potential wie der Ionenkollektor, gelegt. Der im Volumen des Gitters entstandene Ionenstrom wird jetzt auf zwei Elektroden, den Ionenkollektor und den Modulator, verteilt. Am Ionenkollektor mißt man dementsprechend einen um den Faktor α kleineren Ionenstrom ($\alpha < 1$)

$$I_{+2} = \alpha C p I_{-} + I_{r}. \tag{3.80}$$

Man nimmt im einfachsten Fall hierbei an, daß die Photoelektronenausbeute am Ionenkollektor durch das Umschalten des Modulatorspotentials nicht verändert wird. Aus den zwei Gleichungen (3.79) und (3.80) folgt nun

$$p = \frac{I_{+1} - I_{+2}}{C I_{-}(1 - \alpha)}. \tag{3.81}$$

Die Größe $k = 1 - \alpha$ wird als Modulationsfaktor bezeichnet und bei hohem Druck, bei dem man I_r gegenüber CpI_{-} vernachlässigen kann, bestimmt. Dann gilt

$$\alpha = I_{+2}/I_{+1}. \tag{3.82}$$

Der Nachteil des Modulationsverfahrens besteht darin, daß es diskontinuierlich arbeitet. Mit diesem Verfahren kann man den unteren Grenzdruck bestenfalls um eine Zehnerpotenz gegenüber dem BAYARD-ALPERT-Manometer er-

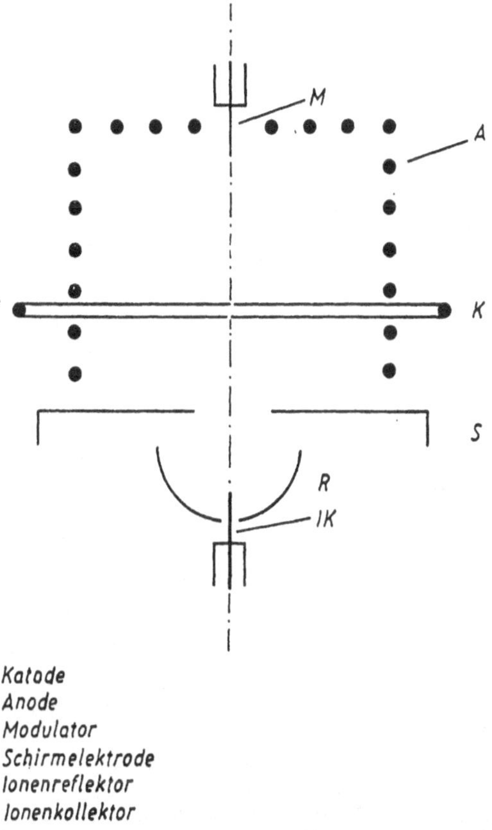

Abb. 3.32. a) **Extraktormanometer nach Redhead:** Die Schirmelektrode S saugt die Ionen aus ihrem Entstehungsgebiet (Anodengitter A) und schützt den Ionenkollektor IK vor der Bremsstrahlung, die an der Anode entsteht. Die Reflektorelektrode R fokussiert die durch das Loch von S gelangenden Ionen auf den Ionenkollektor

niedrigen. Dann sind die Ionenströme klein gegenüber dem Photoelektronenstrom und nicht mehr mit Sicherheit meßbar.

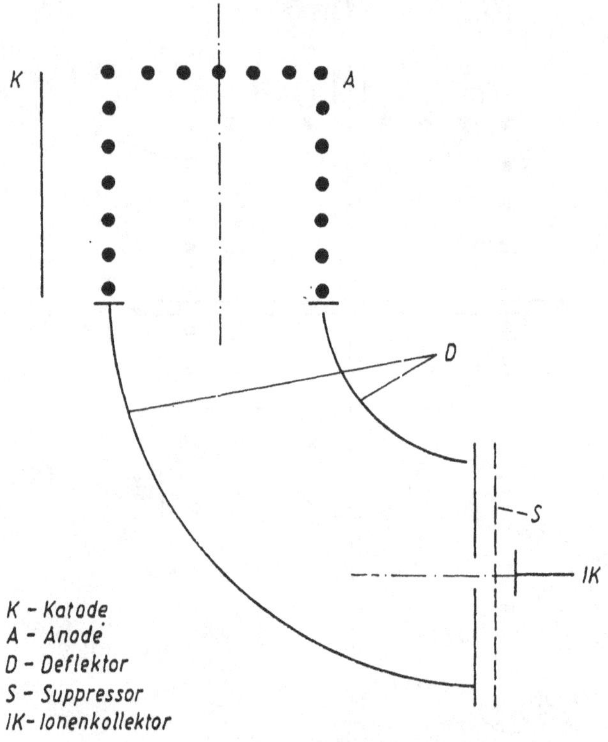

Abb. 3.32. b) Extraktormanometer nach HELMER und HAYWARD: Die innerhalb des Anodengitters A gebildeten Ionen werden durch die vor den Deflektorelektroden D befindliche Blende extrahiert und von den Deflektorelektroden auf die Öffnung der dahinterliegenden Blende gelenkt. Danach treffen sie auf den Ionenkollektor IK. Der Suppressor S verhindert, daß am Ionenkollektor entstandene Photoelektronen diesen verlassen können

Das andere Prinzip, das mit Erfolg benutzt wird, um den unteren Grenzdruck um mehrere Zehnerpotenzen zu erniedrigen, ist folgendes: Man ordnet den Ionenkollektor weit entfernt von dem Gebiet an, wo die Ionen entstehen, und schirmt ihn gut vor jeder Art von Röntgenbrems-

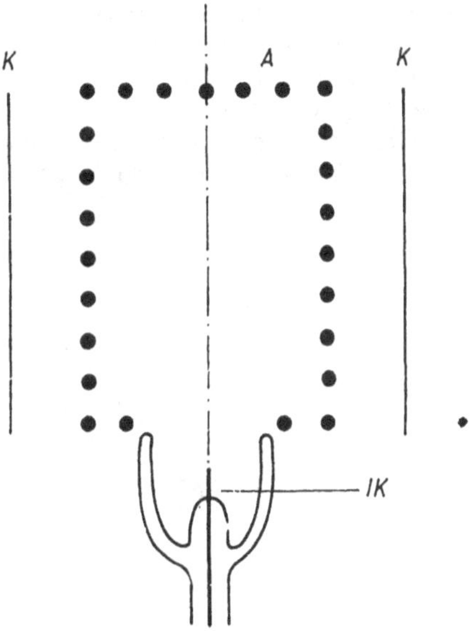

Abb. 3.32. c) Extraktormanometer nach GROSZKOWSKI: Die gläserne Abschirmung des Ionenkollektors IK lädt sich durch den Betrieb auf ein stabiles Potential auf, das die Ionen aus dem Entstehungsgebiet (Anodengitter A) extrahiert und auf den Ionenkollektor fokussiert

strahlung oder Katodenlicht ab. Die Ionen werden aus ihrem Entstehungsgebiet extrahiert und durch geeignete elektrische Felder zum Ionenkollektor geführt. Dieses *Extraktionsprinzip* wurde fast gleichzeitig von verschiedenen Autoren, REDHEAD in Kanada, HELMER und HAYWARD in den USA und GROSZKOWSKI in der VRP, angegeben. Die Konstruktionen dieser Autoren werden industriell gefertigt und kommerziell angeboten. Sie sind in Abb. 3.32 a) bis c) schematisch dargestellt.

Aber nicht nur bei niedrigen, sondern auch bei hohen Druckwerten weicht die Ionenstrom-Druck-Charakteristik von der Proportionalität zwischen Ionenstrom und Druck ab. Der typische Verlauf des Ionenstromes als Funktion des Druckes bei hohen Druckwerten ist in Abb. 3.33 zu sehen. Die Ursache dafür war lange umstritten.

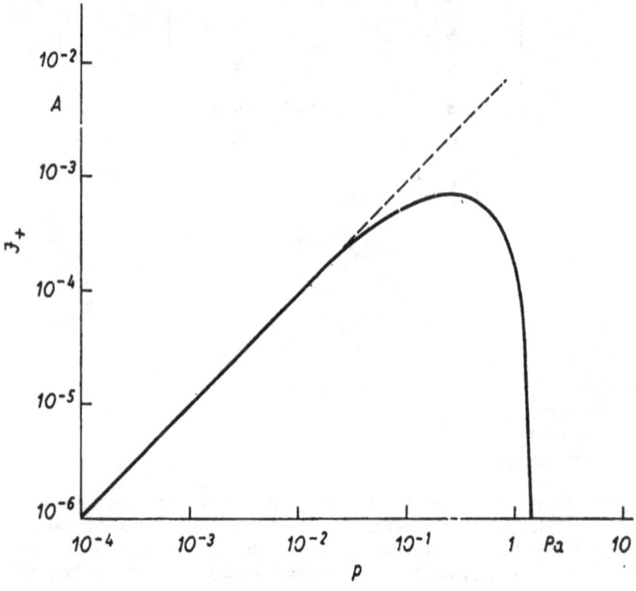

Abb. 3.33. Verlauf der Ionenstrom-Druck-Kennlinie eines Ionisationsmanometers bei hohem Druck

Es wurden Veränderungen der Elektronenbahnen und die Ausbildung von Ionenraumladungswolken als Erklärung gegeben. Von SCHULZ und PHELPS wurden Forderungen aufgestellt, die Ionisationsmanometer erfüllen müssen, wenn man mit ihnen noch bis zu relativ hohen Druckwerten messen will: Der Abstand zwischen Katode und Anode muß sehr klein, der Ionenkollektor muß sehr

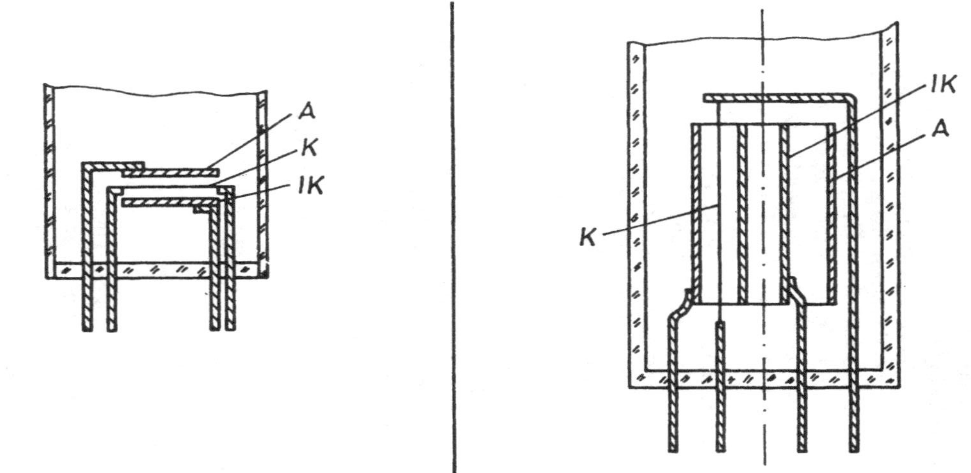

Ionisationsmanometer nach Schulz-Phelps, flache Form
A = Anode, K = Katode
IK = Ionenkollektor

Ionisationsmanometer nach Schulz u. Phelps, zylindrische Form
A = Anode, K = Katode
IK = Ionenkollektor

Abb. 3.34. Ionisationsmanometer nach SCHULZ und PHELPS zum Messen hoher Drücke,

a) planparallele Elektrodenanordnung, b) konzentrische Elektrodenanordnung,

großflächig, und die Empfindlichkeit muß gering sein. SCHULZ und PHELPS schlugen zwei Ionisationsmanometerkonstruktionen vor, die diese Bedingungen erfüllten, und mit denen sie Druckwerte bis zu knapp 100 Pa messen konnten (vgl. Abb. 3.34).

Die Erklärung für den Verlauf der Ionenstrom-Druck-Kennlinie bei hohem Druck ist nach EDELMANN und KIESSLING folgende: Mit wachsendem Druck sinkt die mittlere freie Weglänge und damit auch die Energie, die ein Elektron zwischen zwei Zusammenstößen mit Gasteilchen aus dem elektrischen Feld aufnehmen kann. Infolgedessen durchläuft mit wachsendem Druck der Ionenstrom ein Maximum und fällt schließlich auf Null.

Die Doppeldeutigkeit der Druckanzeige bei hohem Druck läßt sich durch folgende Konstruktion dieser beiden Autoren beseitigen: Entsprechend Abb. 3.35 wird zwischen der Katode und dem Ionenkollektor des SCHULZ-PHELPS-*Manometers* noch ein Gitter angeordnet. Dieses wird ebenso wie der Ionenkollektor auf Erdpotential gelegt. Der Ionenstrom wird nunmehr in zwei Teile aufgeteilt. Das Verhältnis dieser Teile ist bei niedrigen Drücken unabhängig vom Druck und wird nur durch die Transparenz des Gitters bestimmt. Bei hohem Druck hingegen ist das Stromverhältnis eine eindeutige Funktion des Druckes. Dies wird dadurch verursacht, daß die Driftgeschwindigkeit der Ionen im elektrischen Feld mit steigender Gasdichte abnimmt. Dadurch ändert sich auch das Stromverteilungsverhältnis. Man hat somit zwei verschiedene Effekte, die man zur Druckmessung heranziehen kann: die Druckabhängigkeit der Gasionisation und die Driftgeschwindigkeit der Ionen, die durch die Streuung der Ionen an den Gasteilchen beeinflußt wird. Durch Ausnutzung beider Effekte kann man eine eindeutige Druckanzeige bis zu einigen 1000 Pa erhalten.

Will man in dem hohen Druckbereich arbeiten, kann man keine Wolframkatoden mehr verwenden. Diese würden durch Reaktionen mit dem Gas in kürzester Zeit zerstört. Ionisationsmanometer für höhere Drücke müssen mit Edelmetall-Katoden, die mit einer gut emittierenden Schicht (ThO_2 oder Y_2O_3) kataphoretisch überzogen wurden („durchbrennsichere“ Katoden!), ausgerüstet sein. Aber auch diese haben in dem oberen Druckbereich nur eine kurze Lebensdauer (0,2 bis einige wenige Stunden,

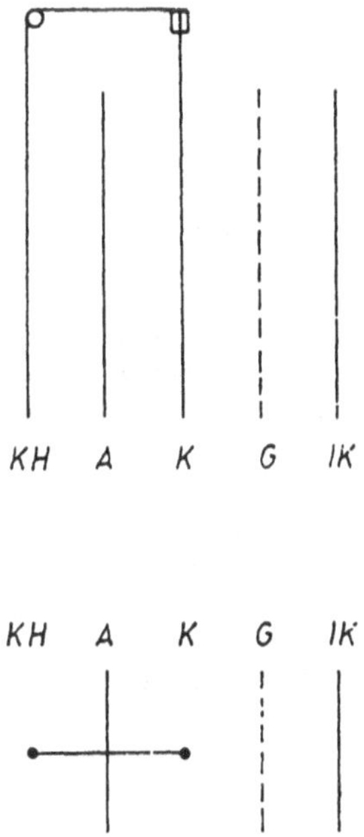

Abb. 3.35. Elektrodenanordnung bei einem Ionisationsmanometer für hohe Drücke nach EDELMANN und KIESSLING
KH = Katodenhalter,
K = Katode, G = Gitter,
A = Anode, IK = Ionenkollektor

je nach Gasart). Allen Ionisationsmanometern ist gemeinsam, daß ihre Druckanzeige stark gasspezifisch ist.

In der Regel gibt man die Empfindlichkeit für trockene Luft oder für Stickstoff an und tut so, als ob das Restgas die gleiche Zusammensetzung hat. Durch abweichende Gaszusammensetzungen können wesentliche Meßfehler auftreten. Die Tabelle 3.6 gibt einen Eindruck davon.

Tabelle 3.6

Relativempfindlichkeiten $C_{rel} = C_{Gas}/C_{Luft}$ für die Meßröhre MR 04 (Hersteller VEB Funkwerk Erfurt)

Gas	C_{rel}
He	0,167
H_2	0,5
Ar	1,25
CO_2	1,43
Luft	1
N_2	1
O_2	1
CO	1

(Für hochmolekulare Wasserstoffe, z. B. Pumpentreibmitteldämpfe, kann man für $C_{rel} = 9 \cdots 13$ annehmen)

In ihr sind die Relativempfindlichkeiten C_{Gas}/C_{Luft} für eine Ionisationsmanometermeßröhre angegeben. Da die Relativempfindlichkeiten geringfügig von den Systemparametern (Abmessungen und Potentiale) abhängen, müssen sie von den Meßgeräteherstellern für jeden Röhrentyp angegeben werden. Die Meßröhren werden entweder als sog. Anbausysteme, bei denen sich das Elektrodensystem in einem Glaskolben befindet, oder als Tauchsysteme, bei denen das Elektrodensystem auf einem Flansch angeordnet ist und in den Rezipienten hineintaucht, ausgeführt.

Die Druckmessung kann durch verschiedene Effekte gestört werden:

- CARTER-LECK-*Effekt*. Dieser tritt bei Anbausystemen auf. Bei diesen hat der Glaskolben normalerweise annähernd Katodenpotential. Durch ungeklärte Umstände kann er sich jedoch während des Betriebes plötzlich umladen, wobei er annähernd Anodenpotential erhält. Dadurch werden die Elektronenbahnen und die Empfindlichkeit verkleinert (ungefähr um den Faktor 3). Bei dem Auftreten dieses Effektes hat man den Eindruck, daß der Druck im Rezipienten plötzlich stark absinkt oder ansteigt.

- *Gasabgabe.* Diese wird verursacht durch die Gasabgabe ungenügend entgaster Manometerteile infolge der Erwärmung oder des Elektronenbeschusses beim Betrieb. Ihr begegnet man durch sorgfältige Entgasung des Ionisationsmanometers vor der Inbetriebnahme.
- *Gasaufzehrung.* Durch Reaktionen mit der Glühkatode können Gasteilchen aus der Gasphase verschwinden (chemische Gasaufzehrung). Außerdem können Ionen, die nicht vom Ionenkollektor gesammelt werden (dies sind etwa 90···95% aller gebildeten Ionen), auf die Glaswand treffen und von dieser gebunden werden (elektrische Gasaufzehrung). Bei guter Vorentgasung der Ionisationsmanometer kann man bei diesem Effekt Saugvermögen bis zu einigen 10^{-2} $m^3 s^{-1}$ erreichen. Dadurch können die Druckverhältnisse in einem Rezipienten erheblich gefälscht werden.
- Blears-*Effekt.* Schließt man an einen Rezipienten sowohl ein Einbau- (oder Tauch-) als auch ein Anbausystem eines Ionisationsmanometers an, dann zeigt das Anbausystem einen wesentlich kleineren Druck als das Tauchsystem an. Die Ursachen für diese Diskrepanz sind in der Gasaufzehrung des Ionisationsmanometers einerseits und in den Strömungseigenschaften des Verbindungsrohres zwischen Ionisationsmanometer und Rezipient andererseits zu suchen.
- *Gasadsorption an den Elektroden,* insbesondere an der Anode, kann im Bereich des unteren Grenzdruckes grobe Meßfehler durch druckunabhängige Restströme verursachen.

3.6.5.2. Kaltkatoden-Ionisationsmanometer

Bei Glühkatoden-Ionisationsmanometern wird die Glühkatode insofern als Nachteil angesehen, als sie bei Havarien oder plötzlichem Druckanstieg leicht durchbrennen kann. Für den rauhen Betrieb an technischen Anlagen wurden deshalb robustere Ionisationsmanometerkonstruktionen, insbesondere mit unempfindli-

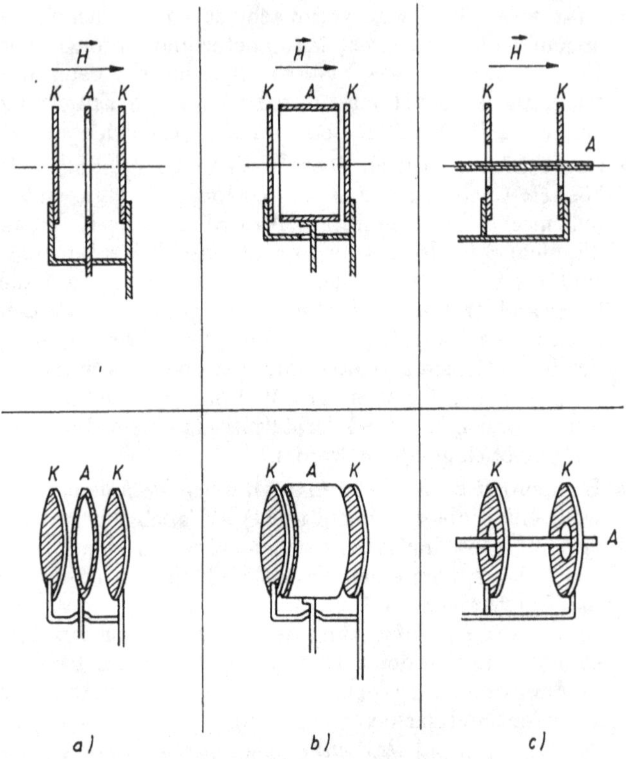

Abb. 3.36. Kaltkatoden-Ionisationsmanometer nach PENNING, verschiedene Elektrodenanordnungen

cheren Katoden, gesucht. Seit 1937 sind durch die Erfindung von PENNING die Kaltkatoden-Ionisationsmanometer in die Vakuumtechnik eingeführt worden. Bei diesen ist zwischen 2 scheibenförmigen Katoden eine ringförmige, zylindrische oder stabförmige Anode angeordnet (vgl. Abb. 3.36). Ein Magnetfeld (ca. 0,02 T) verläuft in axialer Richtung. Die elektrische Schaltung zeigt Abb. 3.37a. Zwischen den Katoden und der Anode liegt eine

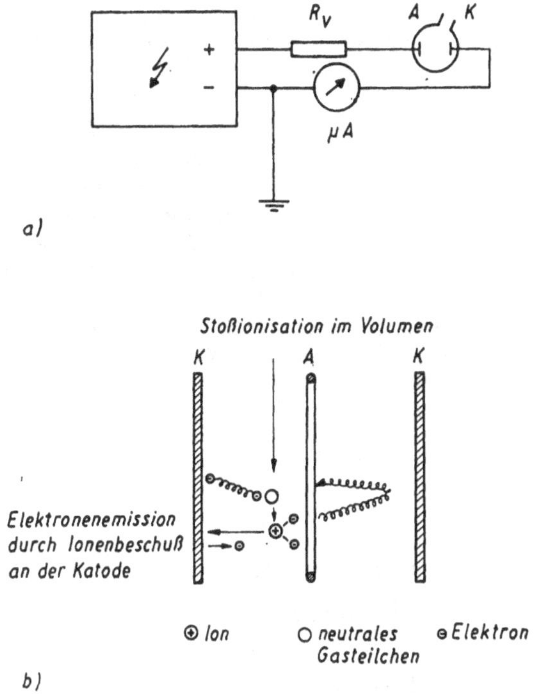

Abb. 3.37. Kaltkatodenmanometer nach PENNING
a) Prinzipschaltung, b) Elementarvorgänge in der Meßzelle

Gleichspannung von 0,5 ··· 2 kV. Der Strom wird durch einen Vorwiderstand R_V begrenzt. Zwischen den Elektroden brennt eine Gasentladung, deren Entladungsstrom ein Maß für den Druck ist. Die Entladung wird dadurch aufrechterhalten, daß die bei der Entladung entstandenen Ionen neue Elektronen aus den Katoden freisetzen. Außerdem entstehen auch bei der Stoßionisation im Volumen ständig neue Elektronen (Abb. 3.37b). Üblicherweise haben PENNING-*Manometer* einen Druckmeßbereich von 10^{-4} Pa bis zu 10^{-1} Pa. Unterhalb dieses Druckbereiches verlöscht bei normalen Konstruktionen die Entladung. Oberhalb von 0,1 Pa sorgt die Strombegrenzung für einen konstanten Entladungsstrom.

Durch veränderte Elektrodengeometrien, höhere Spannungen und ein stärkeres Magnetfeld kann man den Meßbereich dieser Manometer bis zu sehr niedrigen Drücken ausdehnen. Bekannt geworden sind die Konstruktionen von Redhead, die unter dem Namen „Magnetron-Manometer" und „inverses Magnetron-Manometer" in der Vakuumtechnik zur Messung ultrahoher Vakua eingesetzt werden. Beide Elektrodenanordnungen sind in Abb. 3.38 dargestellt. Anhand des inversen Magnetron-Manometers soll die Wirkungsweise erläutert

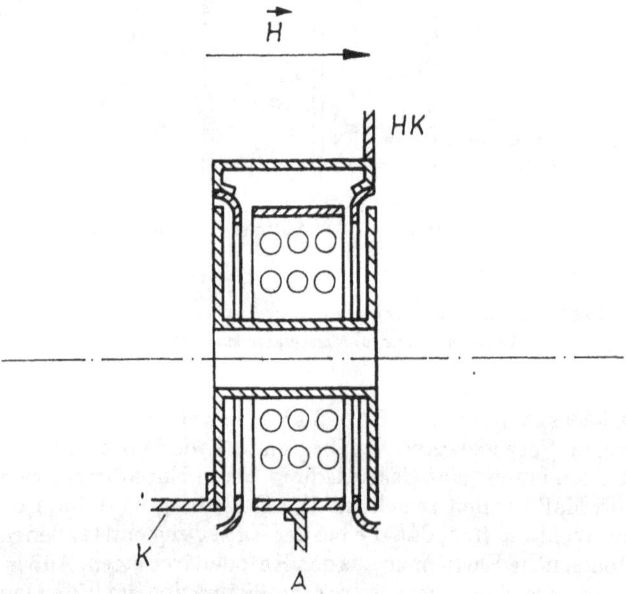

Abb. 3.38. a) Kaltkatoden-Magnetronmanometer nach Redhead
K = Katode, HK = Hilfskatoden, A = Anode

werden: Unter der Einwirkung des hohen axialen Magnetfeldes (ca. 0,2 T) und der hohen Spannung zwischen Katode und Anode (ca. 6 kV) bewegt sich ein von der Katode startendes Elektron auf einer Hypozykloidenbahn, die nur dann nicht wieder auf der Katode endet, wenn es auf seinem Weg mit einem Gasteilchen zusammenstößt (Abb. 3.39.). Ist dies der Fall, dann setzt es seine Hypozykloidenbahn mit einem etwas kleineren Radius um die Anode herum fort, bis wieder ein Zusammenstoß

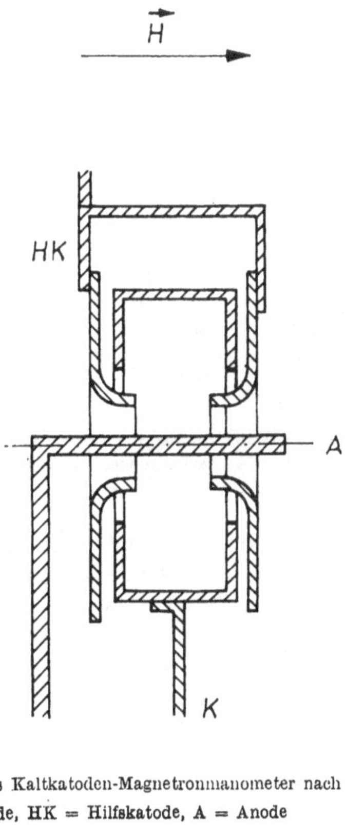

Abb. 3.38. b) Inverses Kaltkatoden-Magnetronmanometer nach REDHEAD
K = Katode, HK = Hilfskatode, A = Anode

mit einem Gasteilchen erfolgt usw. Erst nach einer bestimmten Anzahl von Zusammenstößen mit Gasteilchen kann das Elektron auf die Anode gelangen. Je niedriger der Druck wird, desto länger wird der Weg, den die Elektronen zurücklegen müssen, ehe sie auf die Anode treffen

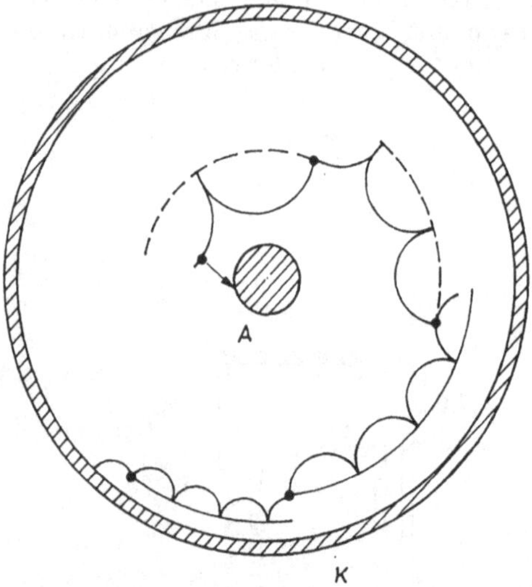

Abb. 3.39. Hypozykloidenbahnen der Elektronen im inversen Kaltkatoden-Magnetronmanometer nach REDHEAD

können. Die Hilfskatoden haben folgende Bedeutung: Von den Kanten der Katoden kann infolge der dort herrschenden hohen Feldstärke eine Feldelektronenemission ausgehen, die unabhängig vom Druck ist und den kleinsten meßbaren Grenzdruck bestimmen würde. Durch den Einbau der Hilfskatoden werden die Kanten der Katoden abgeschirmt. Dadurch wird an diesen die Feldstärke wesentlich verkleinert, so daß keine Feldelektronenemission mehr möglich ist. Die Feldelektronenemission tritt dafür an den Kanten der Hilfskatoden auf. Der von diesen ausgehende Strom wird aber nicht gemessen (vgl. Abb. 3.40). Da mit sinkendem Druck der auf die Anode treffende Elektronenstrom immer kleiner wird,

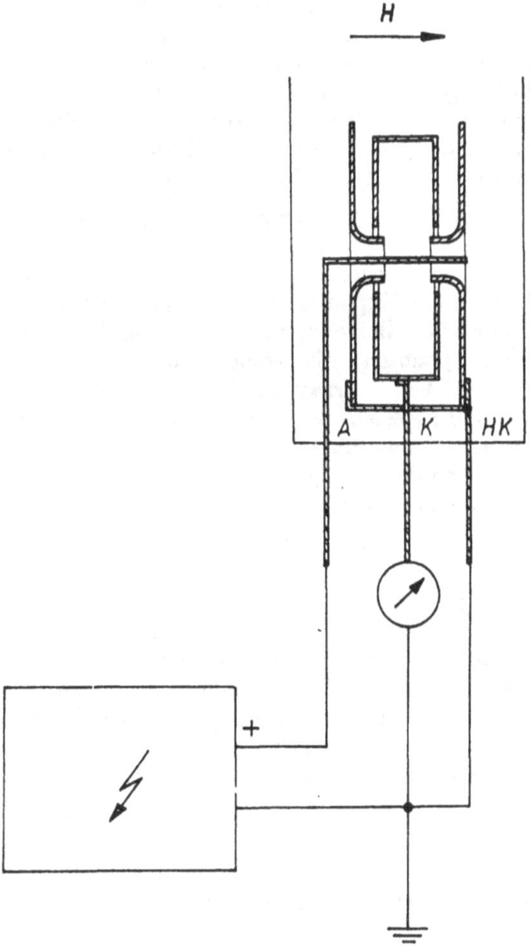

Abb. 3.40. Schaltung des inversen Kaltkatoden-Magnetronmanometers nach REDHEAD

sinkt auch der Photoelektronenstrom mit abnehmendem Druck immer weiter. Sowohl beim inversen als auch beim normalen Magnetron-Manometer wird deshalb der untere Grenzdruck nicht durch den Photoelektronenstrom bestimmt. Die untere Druckmeßgrenze wird vielmehr dadurch verursacht, daß die Entladung bei hinreichend niedrigem Druck einmal verlöscht.

Bei dem *inversen Magnetron-Manometer* besteht zwischen dem Druck p und dem in der Katodenleitung gemessenen Strom I_+ folgende Beziehung:

$$I_+ = C'p^n. \tag{3.83}$$

Hierbei ist C' die sog. „Empfindlichkeit", gemessen in A/Pa^n, n ist ein Exponent, dessen Wert zwischen 0,8 und 1,1 schwankt. Bei geeigneter Wahl der Parameter (Magnetfeld, Spannung, Elektrodenabmessungen) kann man für n den Wert 1 erhalten. C' liegt in der Größenordnung von 0,1 A/Pa^n. Bei dem normalen *Magnetron-Manometer* erhält man bis zu ca. 10^{-8} Pa eine lineare Beziehung zwischen dem in der Katodenleitung gemessenen Strom I_+ und dem Druck p:

$$I_+ = C''p. \tag{3.84}$$

Unterhalb von 10^{-8} Pa fällt der Strom stärker mit dem Druck. In der Kennlinie tritt in diesem Druckbereich ein Knick auf. Trotz mancher Vorteile (insbesondere robuste Ausführung, hohe Ausgangsströme, einfache Betriebsgeräte, keine Zerstörungsgefahr bei Lufteinbrüchen und Havarien) weisen die Kaltkatoden-Ionisationsmanometer auch einige Nachteile auf:

1. *Gasspezifik der Druckanzeige.* Ebenso wie bei den Glühkatoden-Ionisationsmanometern ist auch bei den Kaltkatoden-Ionisationsmanometern die Druckanzeige von der Gasart abhängig. Dies wird einerseits durch die spezifische Ionisierung, andererseits durch die Abhängigkeit der Sekundärelektronenausbeute von der Ionenart bedingt.

2. *Gasaufzehrung.* Bei den Kaltkatoden-Ionisationsmanometern kann man nur die elektrische Gasaufzehrung beobachten. Diese ist aber im Vergleich zu den Glühkatoden-Ionisationsmanometern wesentlich größer, da die Entladungsströme viel größer sind.
3. Durch Verunreinigung der Katoden (*Kontaminationsschichten*) ändern sich die Kennlinien der Kaltkatoden-Ionisationsmanometer. Man muß deshalb die Katoden von Zeit zu Zeit reinigen. Die Hersteller geben — je nach Konstruktion und Katodenmaterial — hierfür spezielle Vorschriften an.
4. Schaltet man die Kaltkatoden-Ionisationsmanometer bei sehr niedrigem Druck an, dann kann unter Umständen längere Zeit kein Entladungsstrom fließen. Die Gasentladung zündet zunächst nicht. *Zündverzögerungen* bis zu einer halben Stunde sind bekannt.
5. Die zum Betrieb nötigen starken *Magnetfelder* schränken den Einsatzbereich ein.

3.6.6. *Einsatzbereich von Totaldruckmeßgeräten*

Die Wahl eines Totaldruckmessers richtet sich nach dem jeweiligen meßtechnischen Problem, wobei man in der Regel bemüht ist, daß der Totaldruckmesser mindestens den Druckbereich erfaßt, der zu kontrollieren ist. Die Meßbereiche der verschiedenen Totaldruckmesser sind in Abb. 3.41 zusammengestellt.

3.7. *Partialdruckmeßgeräte*

3.7.1. *Prinzipieller Aufbau*

Da die Totaldruckmeßgeräte keine Aussage über die Zusammensetzung irgendwelcher Gasgemische liefern, benutzt man die Partialdruckmeßgeräte zur qualitativen und quantitativen Analyse der Gase. Mit ihnen bestimmt man die Partialdrücke der einzelnen Komponenten eines

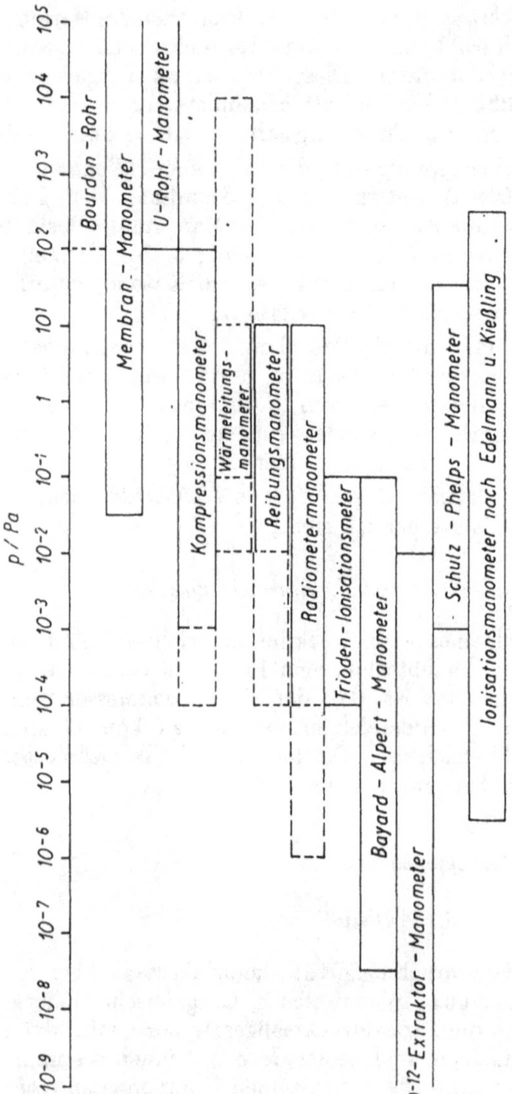

Abb. 3.41. Meßbereiche der verschiedenen Manometertypen

Gasgemisches. Zu diesem Zweck wird ein Gasgemisch ionisiert. In der Regel benutzt man Elektronenstoßionenquellen, bei denen die Gasionen durch Zusammenstoß neutraler Gasteilchen mit Elektronen hinreichend hoher Energie erzeugt werden. Der Aufbau dieser Ionenquellen unterscheidet sich nicht wesentlich von dem Aufbau eines Ionisationsmanometers. Entweder werden die Elektronen von einer Glühkatode erzeugt und von einer Anode abgesaugt, wobei sie evtl. mehrfach um diese Anode pendeln, ehe sie darauf treffen, oder die Elektronen entstehen in einer Kaltkatoden-Entladung (PENNING-Ionenquellen). Im letztgenannten Fall ist ein Magnetfeld unbedingt erforderlich. Durch geeignete Elektroden werden die Ionen aus ihrem Entstehungsbereich extrahiert und einem Analysatorteil zugeführt. Dieser Teil des Massenspektrometers hat die Aufgabe, die verschiedenen Ionen, die sich durch ihre spezifischen Massen m/ne (m = Masse, ne = Ladung des Ions) unterscheiden, zu trennen. Die Masse m eines Ions kann man näherungsweise als das Produkt aus der relativen Molekülmasse M_r und der atomaren Masseneinheit m_u (= 1/12 der Masse des Kohlenstoffisotops ^{12}C) darstellen:

$$m \approx M_r m_u . \tag{3.85}$$

Die nach m/ne getrennten Ionen werden schließlich auf einem Auffänger gesammelt. Der Ionenstrom wird dann einem hochempfindlichen Verstärker zugeführt. Als Auffänger kann aber auch ein Sekundärelektronenvervielfacher dienen. Dieser kann mit diskreten Dynoden ausgerüstet oder als kontinuierlicher Sekundärelektronenverstärker ausgeführt sein. Eine derartige Anordnung läßt sich schematisch entsprechend Abb. 3.42 darstellen. Sie wird als Massenspektrometer oder Partialdruckmeßgerät bezeichnet. Es gibt viele verschiedene Arten von Massenspektrometern, die sich insbesondere durch die Wirkungsweise des Analysatorteils und infolgedessen auch durch ihre Eigenschaften unterscheiden.

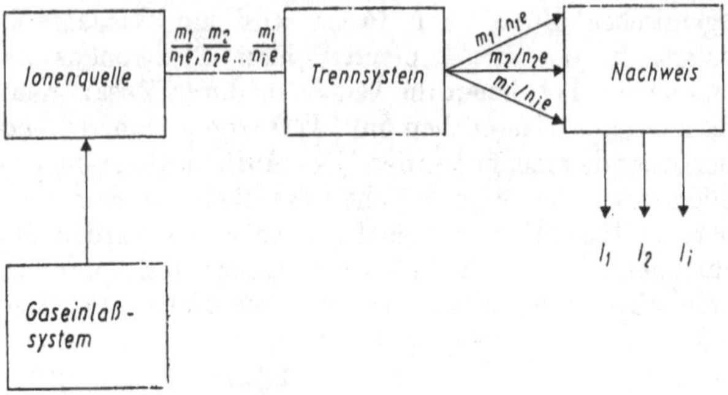

Abb. 3.42. Prinzip eines Partialdruckmeßgerätes

3.7.2. *Kenngrößen eines Massenspektrometers*

Bei einem Partialdruckmeßgerät interessiert zunächst der von dem Gerät erfaßte *Massenbereich*. Dieser wird gekennzeichnet durch die niedrigste und die höchste Massenzahl einfach geladener Ionen, die zum Nachweis gebracht werden können. Will man nur eine einfache Restgasanalyse in der Vakuumtechnik ausführen, genügt häufig ein Massenbereich von 1 bis 50, da meist keine Restgase mit einer Masse, die größer als 44 (CO_2) ist, erscheinen. Zur genauen Analyse komplizierter Systeme, z. B. von Pumpenölen, ist jedoch oft ein größerer Massenbereich (bis zur Masse 200 oder mehr) erforderlich.

Die obere Grenze des *Druckbereiches*, bei dem das Massenspektrometer arbeiten kann, wird gegeben durch die Stoßwahrscheinlichkeit zwischen den Ionen und Gasteilchen im Ionentrennsystem sowie durch die Raumladung des Ionenstrahles. Bei den in der Vakuumtechnik meist benutzten Geräten liegt diese Grenze bei 10^{-2} Pa. Um Gase bei noch höherem Druck analysieren zu können, benutzt man Reduzierstufen (Druckwandler). Diese reduzieren den Gasdruck auf einen geeigneten Arbeitsdruck des Massenspektrometers, ohne die Gaszusammensetzung zu verändern. Die untere Grenze des Druckbereiches wird durch den kleinsten noch nachweisbaren Partialdruck bestimmt.

Das *Auflösungsvermögen* eines Massenspektrometers beschreibt die Fähigkeit, zwei benachbarte Massenzahlen M und $M + \Delta M$ zu trennen. Bei der Prozent-Anteil-Definition werden zwei Ionenbündel der Masse M und $M + \Delta M$ als getrennt betrachtet, wenn der gegenseitige Anteil der Signalhöhen einen vorgeschriebenen Prozentsatz der Maximalhöhe nicht übersteigt

$$R_x = M/\Delta M_x \text{ (}x\%\text{-Anteil)}. \tag{3.86}$$

Bei der Prozent-Tal-Definition werden zwei Ionenbündel mit den Massenzahlen M und $M + \Delta M$ als getrennt betrachtet, wenn die Signalhöhe im Tal zwischen zwei gleichhohen Peaks $y\%$ der Peakhöhe nicht übersteigt

$$R_y = M/\Delta M_y \text{ (}y\%\text{-Tal)}. \tag{3.87}$$

Allgemein durchgesetzt hat sich hierbei die sog. „Unit-Resolution", bei der zwei benachbarte Massenlinien mit 10% Tal zwischen gleichhohen Peaks für alle Massenzahlen unterhalb einer angegebenen Maximalmasse getrennt werden.

Man kann aber auch das Auflösungsvermögen nach der Prozent-Linienbreite definieren. Dieses ist bei der Masse M durch die Linienbreite ΔM_z gegeben, wenn sie in einer Höhe von $z\%$ der Peakhöhe gemessen wird:

$$R_z = M/\Delta M_z \text{ (}z\%\text{-Linienbreite)}. \tag{3.88}$$

In Abb. 3.43 sind die verschiedenen Definitionsmöglichkeiten des Auflösungsvermögens zusammengestellt.

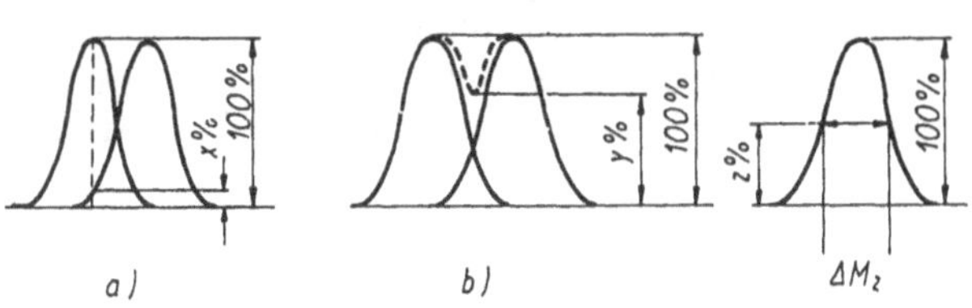

Abb. 3.43. Möglichkeiten der Definition des Auflösungsvermögens

Bei dynamischen Massenspektrometern ist anstelle des räumlichen Abstandes der Massenlinien der zeitliche Abstand zu setzen. Da bei vielen Massenspektrometern das Auflösungsvermögen von der Massenzahl abhängt, muß man immer die Massenzahl M angeben, bei der das Auflösungsvermögen gemessen wurde.

Die *Empfindlichkeit* eines Massenspektrometers ist definiert als der Quotient aus dem am Auffänger gemessenen Ionenstrom und dem Partialdruck des entsprechenden Restgases in der Ionenquelle

$$C = I_+/p. \tag{3.89}$$

Da die Empfindlichkeit gasspezifisch ist (vgl. Ionisationsmanometer!), gibt man meist die Empfindlichkeit für Stickstoff oder Argon an. Um bei Elektronenstoßionenquellen, die ähnlich wie die Glühkatoden-Ionisationsmanometer arbeiten, nicht den Elektronenstrom gesondert angeben zu müssen, wird dort als Empfindlichkeit auch häufig die Größe

$$C = I_+/(pI_-) \tag{3.90}$$

definiert. Als kleinster nachweisbarer Partialdruck wird derjenige Partialdruck $p_{\min}$ des Bezugsgases (meist Argon oder Stickstoff) bezeichnet, bei dem der am Auffänger gemessene Ionenstrom gleich der Summe der Rauschamplitude I_{AR} und der Nullpunktsdrift ΔI_0 ist

$$p_{\min} = (I_{\mathrm{AR}} + \Delta I_0)/C. \tag{3.91}$$

Die Anzeige eines bestimmten Gases kann durch die Anwesenheit anderer Gase beeinflußt werden. Die Güte eines Massenspektrometers wird deshalb noch durch das kleinste nachweisbare Partialdruckverhältnis PE_{K} charakterisiert:

$$PE_{\mathrm{K}} = p_{\mathrm{K\,min}}/p. \tag{3.92}$$

Nach ihrem Trennsystem kann man die Massenspektrometer in statische Massenspektrometer, dynamische Massenspektrometer und Massenspektrometer mit elektrischem Querfeld unterteilen.

3.7.3. Statische Massenspektrometer

Die statischen Massenspektrometer benutzen statische Magnetfelder oder elektrische Felder, um Ionen unterschiedlicher spezifischer Masse (m/ne) zu trennen. Treten Ionen mit einer Geschwindigkeit v senkrecht zu den Feldlinien in ein homogenes statisches Magnetfeld ein, wirkt auf diese die LORENTZ-Kraft $\boldsymbol{F}_\mathrm{L}$ mit dem Betrag F_L

$$F_\mathrm{L} = neBv \tag{3.93}$$

(B = magnetische Induktion, ne = Ladung des Ions). Im homogenen Magnetfeld ist diese Kraft konstant und läßt das Ion eine Kreisbahn beschreiben. Die dazu erforderliche Zentralkraft

$$F_\mathrm{Z} = mv^2/r_\mathrm{m} \tag{3.94}$$

(r_m = Radius der Kreisbahn, m = Ionenmasse) ist gleich der LORENTZ-Kraft. Damit folgt für den Radius der Ionenbahn

$$r_\mathrm{m} = \frac{mv}{neB} = \frac{1}{B}\left(\frac{2mU}{ne}\right)^{1/2}. \tag{3.95}$$

Bei dem 2. Gleichheitszeichen wurde davon ausgegangen, daß die Geschwindigkeit v der Ionen durch das Durchlaufen einer Beschleunigungsspannung U zustandekommt. Gemäß (3.95) bewegen sich unterschiedliche Ionen (verschiedenes m/ne) auf unterschiedlichen Kreisbahnen durch das Magnetfeld, wenn sie alle die gleiche Energie besitzen. Ionen gleicher Energie und Masse werden, wenn sie an der Eintrittsöffnung divergent in das Magnetfeld eintreten, nach Durchlaufen eines Halbkreises (180°) in einem Punkt gesammelt (Abb. 3.44). Derartige Massenspektrometer bezeichnet man als einfachfokussierend. Bei diesem Gerät, dessen Grundkonzeption auf DEMPSTER zurückgeht, kann man eine Ionenart ausblenden und auf einem Ionenkollektor sammeln. Dadurch läßt sich der Partialdruck einer Gasart verfolgen. Es sind aber auch Geräte bekannt, bei denen mehrere Ionenkollektoren an-

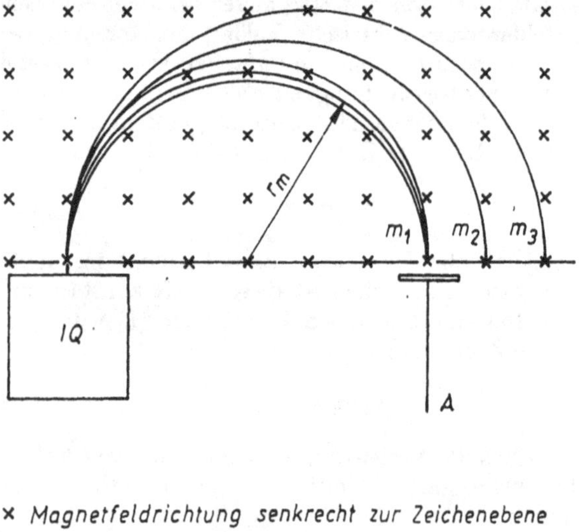

Abb. 3.44. Statisches Massenspektrometer mit Magnetfeld (senkrecht zur Zeichenebene) und 180°-Ablenkung. IQ = Ionenquelle, A = Auffänger. Mit wachsendem m wächst auch der Radius r_m.

gebracht sind, so daß man mehrere Ionenarten gleichzeitig messen kann. Durch Variation der Beschleunigungsspannung U der Ionen vor dem Eintritt in das Magnetfeld läßt sich aber auch erreichen, daß proportional zu $U^{1/2}$ der Radius der Ionen verändert wird, so daß man mit einem Ionenkollektor in zeitlicher Reihenfolge die Partialdrücke verschiedener Gase messen kann. Neben einer 180°-Ablenkung sind auch Sektorfeldgeräte mit 60°-, 90°-, 120°- und $\pi\sqrt{2}$-Ablenkung bekannt.

Benutzt man außer einem homogenen Magnetfeld noch ein homogenes elektrisches Feld, das senkrecht zum magnetischen verläuft, erreicht man eine Doppelfokussierung, bei der gleiche Ionen (m/ne), die mit unter-

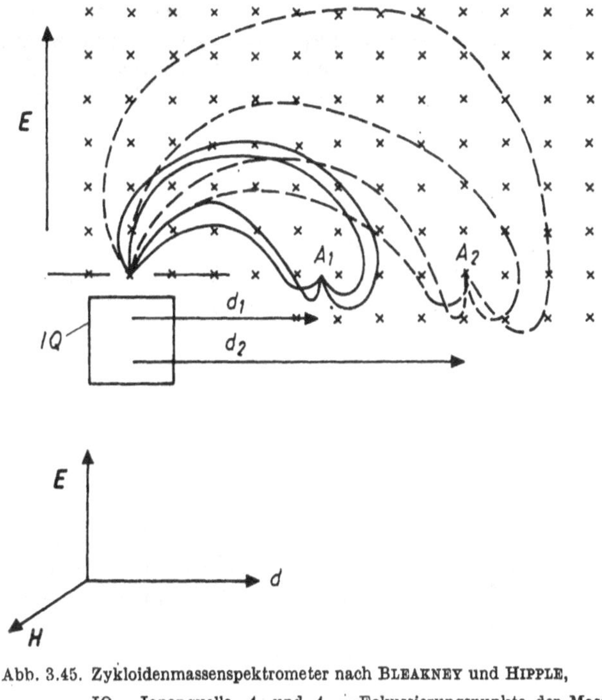

Abb. 3.45. Zykloidenmassenspektrometer nach BLEAKNEY und HIPPLE, IQ = Ionenquelle, A_1 und A_2 = Fokussierungspunkte der Massen m_1 und m_2

schiedlicher Richtung und unterschiedlicher Energie aus einer Eintrittsöffnung in das Feld eintreten, in einem Punkt wieder gesammelt werden (*doppelfokussierende Massenspektrometer*).

In der in Abb. 3.45 dargestellten Feldanordnung beschreiben die Ionen Zykloidenbahnen mit dem Rollkreisradius r:

$$r = \frac{m}{ne} \frac{E}{B^2} \tag{3.96}$$

(E = elektrische Feldstärke). Bei diesem als *Zykloidenspektrometer* (BLACKNEY und HIPPLE) bezeichneten Gerät liegen die Fokussierungspunkte aller Ionenarten auf einer Geraden, die durch die Eintrittsöffnung geht. Der Abstand d eines Fokussierungspunktes von der Eintrittsöffnung ist (vgl. Abb. 3.45)

$$d = 2\pi \frac{m}{ne} \frac{E}{B^2}. \tag{3.97}$$

Da bei diesem Gerät die Ionenbahnen vollkommen im homogenen Magnetfeld verlaufen müssen, benötigt man sehr große Magnete, die ein homogenes Magnetfeldliefern.

3.7.4. *Dynamische Massenspektrometer*

Im Unterschied zu den statischen benutzen die dynamischen Massenspektrometer meist Flugzeit- oder Laufzeit- oder Resonanzeffekte zur Massentrennung. Bei dem *Lauf-* oder *Flugzeitmassenspektrometer* (*TOF-Massenspektrometer*) mißt man die unterschiedliche Geschwindigkeit, die Ionen gleicher Energie, aber unterschiedlicher Masse haben:

$$v = (2neU/m)^{1/2} \tag{3.98}$$

(U = Spannung, die die Ionen durchlaufen haben). Die Geschwindigkeit bestimmt man aus der Zeit, die die Ionen benötigen, um eine bestimmte Wegstrecke L zu durchfliegen:

$$t = L/v. \tag{3.99}$$

Bei diesen Geräten werden die Ionen durch ein kurzzeitig wirkendes Beschleunigungsfeld (Spannungsimpuls) als Ionenpaket in den feldfreien Laufraum geschossen (Abb.

3.46). Am Ende desselben befindet sich ein Auffänger, bei dem die leichten Ionen zuerst, die schweren später ankommen. Da diese Zeitunterschiede sehr gering sind ($\Delta t \leqslant 1\ \mu s$), können als Auffänger nur die nahezu trägheitsfrei arbeitenden Sekundärelektronenvervielfacher (vgl. Abb. 3.46) in Frage kommen.

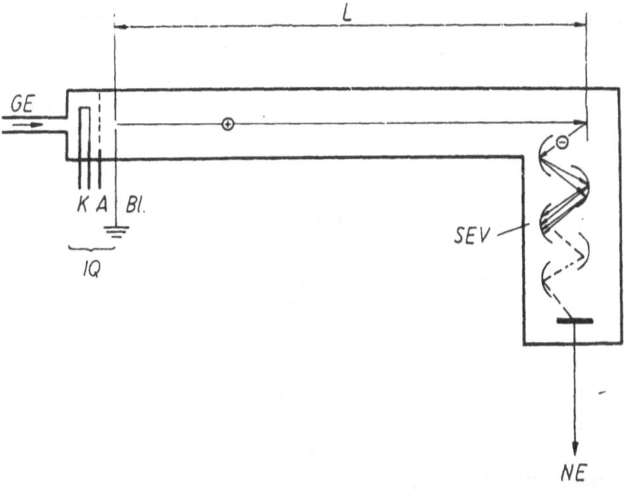

Abb. 3.46. Laufzeit- bzw. Flugzeitmassenspektrometer, prinzipieller Aufbau, GE = Gaseinlaß, IQ = Ionenquelle, A = Anode, K = Katode, Bl. = Blende, SEV = Sekundärelektronenvervielfacher, NE = Nachweiselektronik, L = Laufstrecke

Während die Anforderungen an die Abmessungstoleranzen des Trennsystems gering sind, werden sehr hohe Forderungen an die Nachweiselektronik (Nanosekundenmeßtechnik) gestellt. Um bei kleinen Massenunterschieden noch große Zeitdifferenzen registrieren zu können, benötigt man lange Laufräume. Durch Einbau eines sog. „Ionenspiegels" (Sysoev) kann man bei gleichbleibender Länge des Laufrohres die Weglänge der Ionen verlängern.

Die Kombination von Flugzeitmassenspektrometer und Feldionenmikroskop ist als Atomsonden-Feldionenmikroskop bekannt (E. W. Müller). Bei diesem Gerät kann man die Oberfläche fein geätzter Metallspitzen auf einem Leuchtschirm abbilden. Durch einen sehr hohen Spannungsimpuls lassen sich einzelne Atome von der abgebildeten Oberfläche ablösen (Feldverdampfung) und durch eine Blende in einen feldfreien Laufraum eines Flugzeitmassenspektrometers schießen. Aus der gemessenen Flugzeit kann man die Ionenmasse bestimmen.

Bei den *Laufzeit-Resonanz-Massenspektrometern* werden die Ionen in ein Hochfrequenzfeld eingeschossen. Ionen, die bestimmte Resonanzbedingungen erfüllen, erreichen den größten Energieaustausch mit dem Hochfrequenzfeld und lassen sich von den nichtresonanten Ionen abtrennen.

Bei dem zu dieser Gruppe von Geräten gehörenden Bennett-Redhead-*Massenspektrometer* besteht das Trennsystem aus einer Reihe hintereinandergeschalteter Hochfrequenzfelder, ähnlich wie bei einem Linearbeschleuniger (Abb. 3.47). Ein Ion erreicht zwischen zwei Gittern dann maximalen Energiezuwachs, wenn seine Laufzeit l/v zwischen zwei Gittern gleich der Hälfte des Reziprokwertes der Frequenz der HF-Spannung ist:

$$T = 1/2f = l/v. \tag{3.100}$$

Durch Hintereinanderschalten mehrerer solcher HF-Stufen wird das Auflösungsvermögen erhöht. Vor dem Ionenkollektor befindet sich ein Bremsfeld, so daß nur die Ionen den Kollektor erreichen können, die ein Maximum an Energie aus dem Hochfrequenzfeld aufgenommen haben. Wie man aus der Kombination der Gleichungen (3.98), (3.99) und (3.100) erkennt, ist die spezifische Masse m/ne proportional zu $1/f^2$, so daß man zur Spektrenregistrierung die Resonanzbedingung durch eine Änderung der Frequenz der Hochfrequenzspannung variieren kann.

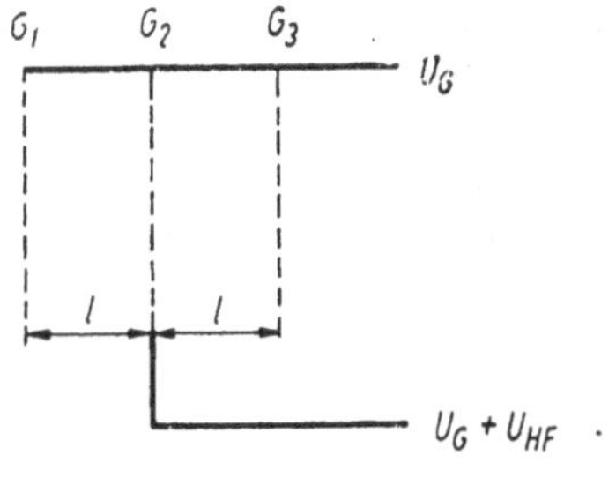

Abb. 3.47. HF-Stufe bei einem BENNETT-REDHEAD-Massenspektrometer, l = Gitterabstand

Bei dem von TRETNER entwickelten *Pendelionen-Massenspektrometer* wird durch einige Lochblenden bzw. rohrförmige Elektroden ein parabelförmiger Potentialverlauf $\Phi(Z)$ erzeugt, in dem die Ionen mit einer Frequenz hin und herpendeln können (vgl. Abb. 3.48a, b), die proportioanl zu $(neU/m)^{1/2}$ ist:

$$f = C(neU/m)^{1/2} \tag{3.101}$$

(C ist eine Gerätekonstante). Stimmt diese Frequenz f mit der einer zusätzlich angelegten Wechselspannung

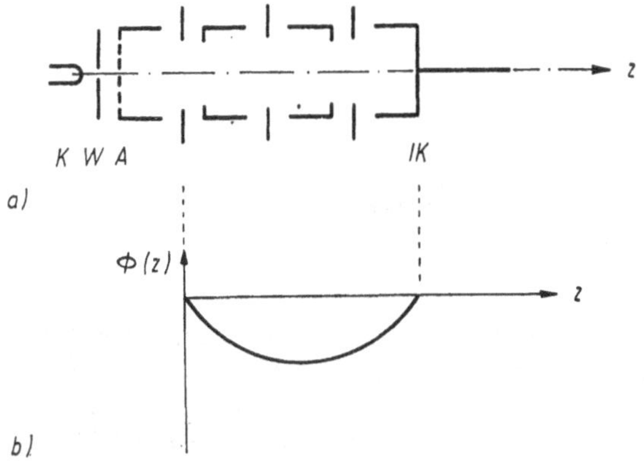

Abb. 3.48. Pendelionenmassenspektrometer,

a) Elektrodenanordnung, K = Katode, A = Anode, W = Wehneltelektrode, IK = Ionenkollektor,

b) Potentialverlauf $\Phi(z)$ längs der Systemachse (z-Achse)

überein, können die Ionen aus dem Wechselfeld Energie aufnehmen und über ein Bremsfeld zum Ionenkollektor abfließen. Die Spektrenregistrierung kann entweder bei konstantem Lauffeld $\Phi(Z)$ durch eine Variation der Frequenz f oder bei konstanter Frequenz durch eine

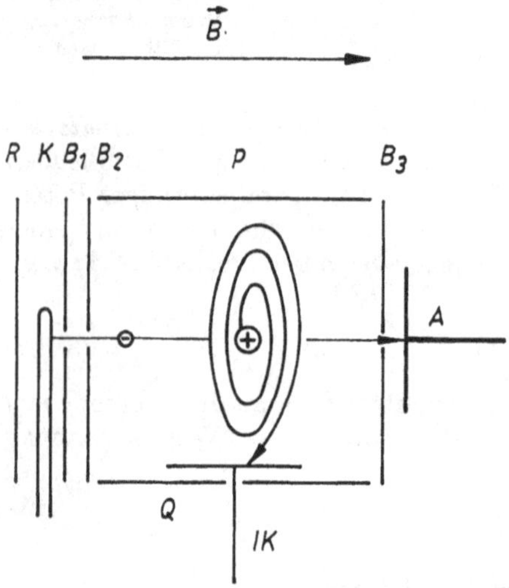

Abb. 3.49. Omegatron,

R = Reflektorelektrode, B_1, B_2, B_3 = Blenden, P, Q = HF-Elektroden, IK = Ionenkollektor, A = Anode, B = Richtung des Magnetfeldes

Variation des Lauffeldes $\Phi(Z)$ erfolgen. Da der auf den Ionenkollektor gelangende Ionenstrom auch durch die Anwesenheit anderer Gase beeinflußt wird, stellt das Pendelionen-Massenspektrometer nur einen Partialdruckindikator dar.

Während die bisher beschriebenen dynamischen Massenspektrometer nur mit einem elektrischen Feld (Feldimpulse oder HF-Feld) arbeiteten, benutzt das *Omegatron* sowohl ein HF-Feld als auch ein Magnetfeld, das senkrecht zum elektrischen gerichtet und homogen ist (Abb. 3.49). Erzeugt man durch Elektronenstoß Ionen, die eine Geschwindigkeitskomponente senkrecht zum Magnetfeld haben, dann beschreiben diese Kreisbahnen, deren Radius r_m durch Gl. (3.95) berechnet werden kann. Zum Durchlaufen einer solchen Kreisbahn benötigen sie die Zeit

$$T = f^{-1} = \frac{2\pi r_m}{v} = \frac{2\pi m}{neB}. \qquad (3.102)$$

Hat die Frequenz eines über die Platten A und B zusätzlich angelegten HF-Feldes die gleiche Größe wie f, dann nehmen die Ionen bei ihren Umläufen Energie aus dem Hochfrequenzfeld auf, so daß der Radius ihrer Umlaufbahn ähnlich wie beim Zyklotron so lange wächst, bis die Ionen auf einen Kollektor treffen. Die nichtresonanten Ionen verbleiben in Achsnähe und treffen nicht auf den Ionenkollektor. Das Auflösungsvermögen ist proportional zu 1/M. Das Omegatron zeichnet sich durch ein geringes Volumen, eine hohe Empfindlichkeit und kleine Elektronenströme aus. Außerdem kann es gut entgast werden. Infolgedessen stört es in kleinen Ultrahochvakuumsystemen den Gashaushalt wenig und wird dort gern zur Restgasanalyse eingesetzt.

3.7.5. Massenspektrometer mit elektrischen Querfeldern

Bei dem von Paul und Steinwedel vorgeschlagenen *Quadrupol-Massenspektrometer* (*Massenfilter*) wird ein quasistationäres elektrisches Wechselfeld, das zwischen vier parallelen stabförmigen Elektroden erzeugt wird, zur Massentrennung benutzt; die zu trennenden Ionen werden in Richtung der Längsachse in das Hochfrequenzfeld eingeschossen und führen unter dem Einfluß dieses Querfeldes Schwingungen senkrecht zur Längsachse durch (vgl. Abb. 3.50a, b), die man durch Lösung der

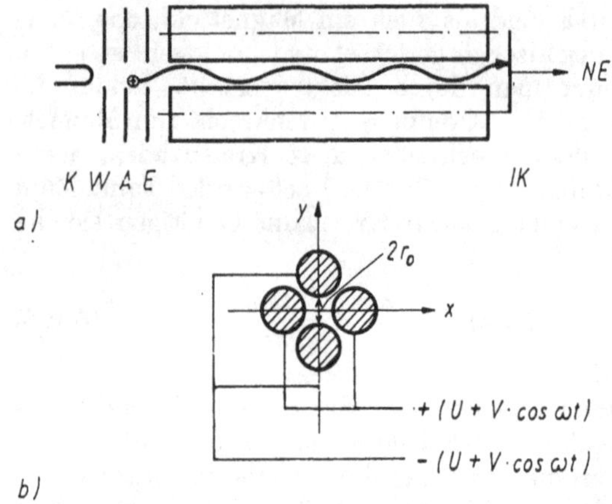

Abb. 3.50. Quadrupolmassenspektrometer,
a) Aufbau: K = Katode, W = WEHNELT-Elektrode, A = Anode, E = Extraktorelektrode, IK = Ionenkollektor, NE = zur Nachweiselektronik,
b) Spannungen am Analysatorteil

Bewegungsgleichungen

$$\begin{aligned} &\ddot{x} + \frac{2ne}{mr_0^2}(U + V\cos\omega t)\,x = 0, \\ &\ddot{y} - \frac{2ne}{mr_0^2}(U + V\cos\omega t) = 0, \\ &\ddot{z} = 0 \end{aligned} \tag{3.103}$$

bestimmen kann (r_0 = Abstand Systemachse — Peripherie der Stäbe).

Diese Gleichungen gehen durch geeignete Substitutionen ($\omega t = 2\zeta$, $4\,neV/(mr_0^2\omega^2) = q$, $8\,neU/(mr_0^2\omega^2) = a$) in die MATHIEUschen Differentialgleichungen

$$\left.\begin{aligned} &\frac{d^2x}{d\zeta^2} + (a + 2q\cos 2\zeta)\,x = 0, \\ &\frac{d^2y}{d\zeta^2} + (a + 2q\cos 2\zeta)\,y = 0 \end{aligned}\right\} \tag{3.104}$$

über. Die Lösung dieser Differentialgleichungen zeigt zwei Arten von Ionenbahnen: Stabile Bahnen, bei denen die Ionen Schwingungen um die z-Achse ausführen, ohne dabei einen Radius r_{max} zu überschreiten, so daß diese Ionen den Kollektor erreichen können, und instabile Bahnen, bei denen die Ionen Schwingungen mit wachsender Amplitude um die z-Achse ausführen. Diese

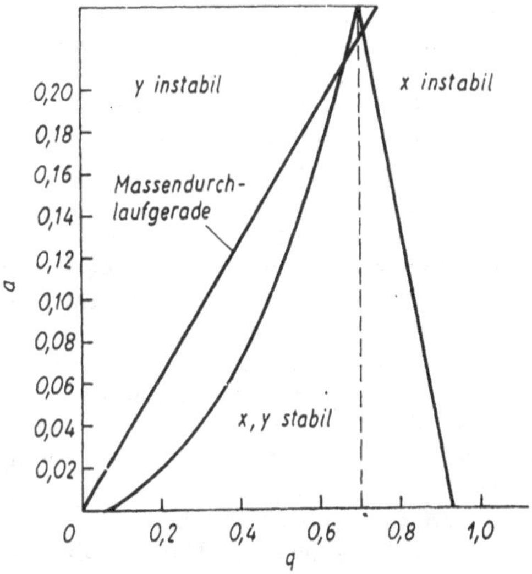

Abb. 3.51. Stabilitätsdiagramm des Quadrupol-Massenspektrometers $a = f(q)$

Ionen treffen schließlich auf die Elektroden und werden entladen. Sie erreichen den Ionenkollektor nicht. Bei einem vorgegebenen Feld hängt es nur von der spezifischen Masse eines Ions ab, ob die Bahn stabil oder instabil ist. Dies erkennt man aus dem sog. Stabilitätsdiagramm (Abb. 3.51), in dem a(q) dargestellt ist. Dort gibt es drei Bereiche, in denen die Ionenbewegung in der x- oder y-Richtung instabil oder in beiden Richtungen stabil ist. Die Neigung der sog. Arbeitsgeraden mit

a/q = const. ist unabhängig von der spezifischen Masse. Sie geht für $U/V = 0{,}167$ durch die Spitze des Stabilitätsbereiches. Bei diesem Verhältnis von Gleichspannung zu Wechselspannungsamplitude hat nur eine einzige Ionenart mit $q = 0{,}7$ eine stabile Bahn und erreicht den Ionenkollektor. Man hat damit ein großes Auflösungsvermögen, aber auch gleichzeitig eine geringe Transmission. Bei kleineren U/V-Werten wächst der Massenbereich mit stabilen Ionenbahnen. Während die Transmission hierbei wächst, wird aber das Auflösungsvermögen kleiner. Das Spektrum wird im allgemeinen dadurch registriert, daß bei konstanter Frequenz der Hochfrequenzspannung sowohl deren Amplitude V als auch die Gleichspannungskomponente U so variiert werden, daß U/V = const. bleibt.

Das Quadrupol-Massenspektrometer zeichnet sich durch eine lineare Massenskala, eine konstant bleibende Linienbreite, eine hohe Empfindlichkeit, einen schnellen Massendurchlauf, eine einfache Konstruktion und geringes Volumen aus. Da es kein Magnetfeld benötigt und bis mindestens 200°C in der Regel ausgeheizt werden kann, stellt es ein ideales Gerät für UHV-Anlagen zur Oberflächenanalytik, bei der Magnetfelder oftmals stören, dar. Problematisch ist die Einhaltung der Toleranzen bei der Fertigung und Justierung der Stäbe.

Bei dem von Zahn beschriebenen *Monopol-Massenspektrometer* wurden die vier Stäbe des Quadrupol-Massenspektrometers durch einen Stab und eine Winkelelektrode ersetzt (Abb. 3.52). Während die Winkelelektrode geerdet ist, erhält die Stabelektrode eine Gleichspannung, der eine Hochfrequenzspannung überlagert ist. Die Bewegungsgleichungen der Ionen sind die gleichen wie beim Quadrupol-Massenspektrometer. Im Unterschied zu diesem ist jedoch die Einschußrichtung und -energie der Ionen wichtig und muß gut konstant gehalten werden. Entsprechend dem Stabilitätsdiagramm (Abb. 3.53) können unabhängig von der Lage der Arbeitsgeraden (Verhältnis U/V) nur noch die Ionen eines kleinen Mas-

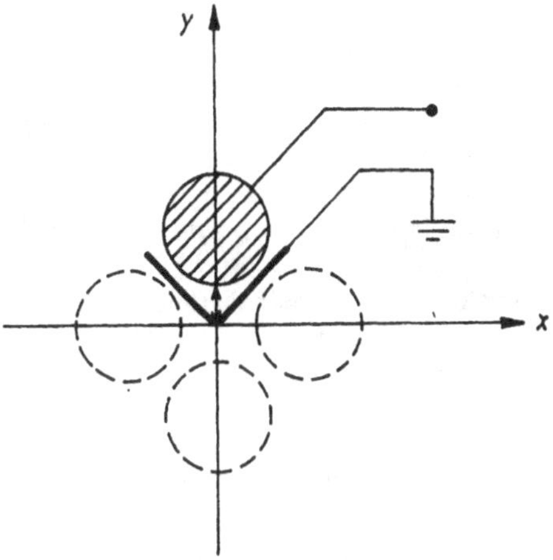

Abb. 3.52. Monopolmassenspektrometer, Elektrodenanordnung

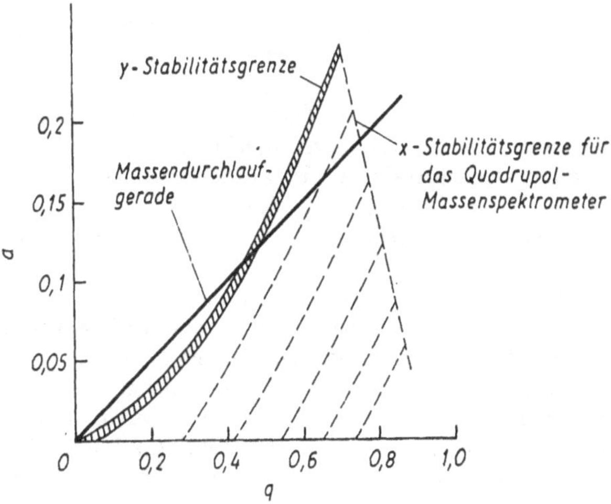

Abb. 3.53. Stabilitätsdiagramm für das Monopolmassenspektrometer $q = f(a)$. Nur die Massen in dem schraffierten Bereich können noch den Ionenkollektor erreichen

senbereiches den Ionenkollektor erreichen, so daß das Auflösungsvermögen nahezu unabhängig von U/V ist. Die Massenspektren kann man auch dadurch registrieren, daß man bei konstanter Frequenz der Wechselspannung die Spannungen U und V so verändert, daß U/V konstant bleibt. Man kann die Spektren aber auch bei konstantem U und V durch eine Frequenzänderung aufnehmen.

Weitere Massenspektrometerkonstruktionen, die publiziert wurden, haben keine praktische Bedeutung erlangt und sind nicht kommerziell erhältlich.

3.7.6. Probleme bei der Auswertung der Massenspektren

Bedingt durch die Vorgänge in der Ionenquelle ist der am Ionenkollektor gemessene Ionenstrom nicht unmittelbar ein Maß für den Partialdruck. Infolge der Gasartabhängigkeit der spezifischen Ionisierung werden unter sonst gleichen Bedingungen (gleicher Elektronenstrom, gleiche Potentiale, gleicher Partialdruck) von unterschiedlichen Gasarten unterschiedlich viele Ionen gebildet, so daß man für jede Gasart die Empfindlichkeit kennen muß. Außer den ein- und mehrfachgeladenen Ionen einer Gasart treten u. U. auch noch Bruchstückionen (bei Molekülen) auf. Da die Massenspektrometer infolge ihres Auflösungsvermögens nicht in der Lage sind, Ionen von Gasen mit gleicher spezifischer Masse (z. B. CH_4^{++} und O_2^{++} und O^+ oder CO^+ und N_2^+ und $C_2H_4^+$) zu trennen, kommt der Kenntnis der Bruchstückionen und deren Konzentrationsverhältnis eine hohe Bedeutung zu. Auch die Transmission kann für verschiedene Massen unterschiedlich sein. Um aus den gemessenen Ionenströmen die Partialdrücke zu ermitteln, muß man die Empfindlichkeit für die einzelnen Gase und die Bruchstückionen berücksichtigen. Hierzu sind umfangreiche Rechnungen erforderlich. Bei modernen Geräten werden diese i. a. durch angeschlossene Kleinrechner erledigt.

3.8. Vakuumerzeugung

3.8.1. Strömungsvorgänge in Vakuumanlagen

Schematisch läßt sich eine Vakuumanlage entsprechend Abb. 3.54 darstellen. Die Pumpe P saugt das Gas über das Verbindungselement VE aus dem Rezipienten R. Der dabei entstehende Teilchenstrom $\mathrm{d}N/\mathrm{d}t$ läßt sich mit Hilfe der Gleichungen (3.15) und (3.18) umformen zu

$$\mathrm{d}N/\mathrm{d}t = n\,\mathrm{d}V/\mathrm{d}t = \frac{p}{kT}\,(\mathrm{d}V/\mathrm{d}t)\,. \qquad (3.105)$$

Definiert man unter der Voraussetzung eines idealen Gases die Gasmenge Q als

$$Q = pV = mR'T\,, \qquad (3.106)$$

den Mengendurchsatz oder die Gasstromstärke I als

$$I = \mathrm{d}Q/\mathrm{d}t|_{p=\mathrm{const.}} = p(\mathrm{d}V/\mathrm{d}t) \qquad (3.107)$$

und den Volumendurchsatz als die i. a. vom Druck abhängige Größe

$$S(p) = \mathrm{d}V/\mathrm{d}t\,, \qquad (3.108)$$

so folgt aus (3.107)

$$I = p \cdot S(p)\,. \qquad (3.109)$$

Da (3.18) streng genommen nur für vollkommenes thermisches Gleichgewicht gilt, eine Strömung aber immer

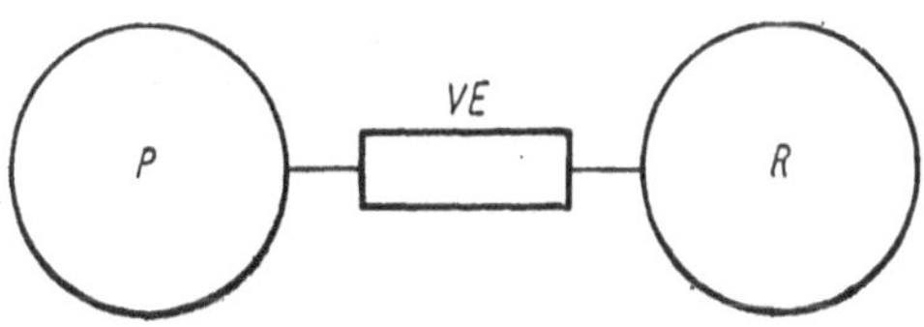

Abb. 3.54. Vereinfachtes Grundprinzip einer Vakuumanlage, P = Pumpe, R = Rezipient, VE = Verbindungselement

eine Störung desselben darstellt, muß p an einer Stelle gemessen werden, an der die Störung hinreichend klein ist. Bei einem großen Rezipienten darf p im Rezipienten gemessen werden, wenn man den Mengendurchsatz am Mündungsquerschnitt des Verbindungselements bestimmt. Gemäß Abb. 3.55 lassen sich die Gasströmungen, die die Gasmenge im Rezipienten verändern, aufteilen

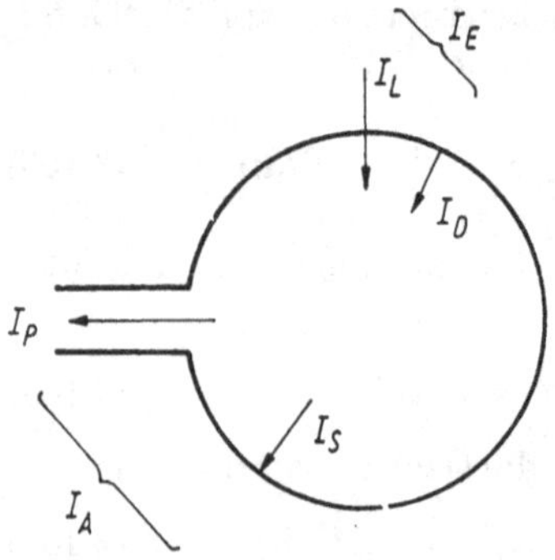

Abb. 3.55. Gasströme in einem Rezipienten

in I_p = Gasstrom zur Pumpe, I_S = Sorptionsstrom, $I_A = I_P + I_S$ = Ausströmung, I_L = Leckstrom, I_D = Desorptionsstrom (infolge der Gasabgabe der Wände) und $I_E = I_L + I_D$ = Einströmung, wobei jeder dieser Ströme gemäß (3.109) dargestellt werden kann als das Produkt $S \cdot p$. Durch diese Gasströme wird die Gasmenge im Rezipienten verändert:

$$dQ/dt = I_E - I_A. \tag{3.110}$$

Bei einem konstanten Rezipientenvolumen V_0 äußert sich diese Änderung der Gasmenge in einer Druckänderung:

$$dQ/dt = V_0 \, dp/dt. \tag{3.111}$$

Aus (3.109) bis (3.111) folgt die Pumpgleichung

$$V_0 \, dp/dt = -pS_A(p) + I_E. \tag{3.112}$$

Nimmt man an, daß $S_P \gg S_S$ (S_P ist der am Rezipienten wirkende, von der Pumpe herrührende Volumendurchsatz, der als effektives Saugvermögen bezeichnet wird), dann läßt sich unter der vereinfachenden Annahme, daß $S_P = \text{const.}$ und $I_E = \text{const.}$ sind, (3.112) lösen:

$$p - p_e = (p_0 - p_e) \exp\left[-(S_P t)/V_0\right] \qquad (3.113)$$

mit

$$p_e = I_E/S_P, \qquad (3.114)$$

dem stationären Enddruck des Systems. Die Größe

$$\tau = V_0/S_P \qquad (3.115)$$

ist eine den Evakuierungsprozeß charakterisierende Zeitkonstante. Durch den Strömungsvorgang im Verbindungselement wird das am Rezipienten wirkende Saugvermögen S_P beeinflußt. Solange die mittlere freie Weglänge klein gegenüber den Querschnittsabmessungen des Verbindungselementes ist, treten die Gasteilchen bevorzugt untereinander in Wechselwirkung und tauschen ihre Impulse aus. Dieser Prozeß ist für die innere Reibung des Gases verantwortlich. Diese führt zu einer viskosen Strömung. Infolge zu kleiner REYNOLDSscher Zahlen

$$\mathrm{Re} = d\varrho\bar{v}/\eta$$

(d = Durchmesser des Verbindungselementes, ϱ = Gasdichte, $\bar{v}$ = mittlere Strömungsgeschwindigkeit, η = Viskosität) tritt in der Vakuumtechnik die turbulente Strömung i. a. nicht auf, so daß man sich auf die laminare Strömung beschränken kann.

Bei *langen Rohren* mit *kreisförmigen* Querschnitt gilt auch bei Gasen eine Gesetzmäßigkeit, die dem Gesetz von HAGEN-POISEUILLE, das für inkompressible Flüssigkeiten hergeleitet wurde, weitgehend ähnelt:

$$p(\mathrm{d}V/\mathrm{d}t) = \frac{\pi r^4}{8\eta l}\,\frac{(p_1 + p_2)}{2}\,(p_1 - p_2). \qquad (3.116)$$

Mit (3.107) und der Substitution

$$L = \frac{1}{W} = \frac{\pi r^4}{8\eta l} \frac{(p_1 + p_2)}{2} \tag{3.117}$$

(L = Strömungsleitwert, W = Strömungswiderstand) erhält man eine dem Ohmschen Gesetz analoge Beziehung

$$I = \frac{p_1 - p_2}{W} = L(p_1 - p_2) . \tag{3.118}$$

Dieser Strömungsleitwert ist eine Funktion des Druckes und (infolge η) gasspezifisch. Für andere Rohrquerschnitte sind die Leitwerte [1] zu entnehmen. Wird der Druck so klein, daß die mittlere freie Weglänge groß gegenüber den Querschnittsabmessungen wird, dann treten die Gasteilchen bevorzugt mit der Rohrwand in Wechselwirkung. Diese Strömungsart wird als molekulare Strömung bezeichnet. Für lange Rohre mit kreiszylindrischem Querschnitt erhält man hier

$$L = \frac{2\pi r^3}{3l} \bar{v} = \frac{8\pi r^3}{3l} \left(\frac{kT}{2\pi m_0}\right)^{1/2} . \tag{3.119}$$

Im zweiten Gleichheitszeichen wurde von Gl. (3.11) Gebrauch gemacht. Für kurze Rohre und für Rohre mit anderen Querschnitten gelten auch hier andere Beziehungen (vgl. [1]). Im Unterschied zur viskosen Strömung ist bei der molekularen Strömung der Leitwert druckunabhängig, aber er ist (infolge m_0) auch gasspezifisch. Während für die viskose Strömung durch Lochblenden nur ein Näherungswert für L bekannt ist (vgl. [1]), läßt sich für die molekulare Strömung der Wert

$$L = A\bar{v}/4 \tag{3.120}$$

berechnen.

Bei kurzen Rohren oder bei dem Übergang der Strömung aus einem dicken Rohr in ein dünnes addiert sich der Strömungswiderstand der als Lochblende aufgefaßten Eintrittsöffnung zu dem Widerstand des Rohres (vgl. MÖNCH [4]):

$$L^{-1} = L^{-1}_{\text{Rohr}} + L^{-1}_{\text{Blende}}. \quad (3.121)$$

Der Übergang von der viskosen zur molekularen Strömung vollzieht sich nicht plötzlich. Es existiert ein Zwischengebiet, in dem man den Strömungsleitwert langer Rohre mit kreisförmigen Querschnitt häufig näherungsweise als Summe der Gleichungen (3.117) und (3.119) dargestellt.

Während man die Strömungsleitwerte nur für wenige, geometrisch einfache Verbindungselemente durch geschlossene Ausdrücke berechnen kann, bestimmt man bei komplizierten Bauelementen (z. B. Ventilen, Rohrkrümmungen oder -knicken) die Leitwerte durch *Monte-Carlo*-Rechnungen oder meist experimentell.

Bei der Kombination von Strömungsleitwerten gelten Gesetze, die den KIRCHHOFFschen Gesetzen der Elektrotechnik weitgehend ähneln. Bei Hintereinanderschaltung von Leitwerten addieren sich die Reziprokwerte der Leitwerte:

$$\frac{1}{L_{\text{ges}}} = \sum_{\text{i}} \frac{1}{L_{\text{i}}} \quad (i = 1 \cdots n). \quad (3.122)$$

Bei Parallelschaltung der Leitwerte addieren sich diese:

$$L_{\text{ges}} = \sum_{\text{i}} L_i \quad (i \cdots n). \quad (3.125)$$

Zwischen dem am Rezipienten effektiv wirkenden Volumendurchsatz $S_{\text{P,eff}}$ und dem an der Pumpe gemessenen S_{P} besteht, wenn zwischen Pumpe und Rezipient ein Strömungsleitwert L zu berücksichtigen ist, die Beziehung

$$\frac{1}{S_{\text{P,eff}}} = \frac{1}{S_{\text{P}}} + \frac{1}{L}. \quad (3.124)$$

Gl. (3.124) ist für die Dimensionierung von Pumpanlagen äußerst wichtig. Befindet sich zwischen dem Rezipienten und den Pumpen ein kleiner Strömungsleitwert L, dann wird hauptsächlich durch diesen das am Rezipienten wirkende effektive Saugvermögen bestimmt, vorausgesetzt, das Saugvermögen der Pumpe ist hinreichend groß, so daß $L/S_P \ll 1$. Dieser Sachverhalt muß z. B. beim Evakuieren von Röhren, Lampen oder Ampullen, die über einen dünnen Pumpstengel (zum Zweck des Abschmelzens) an die Pumpe angeschlossen werden, beachtet werden. Auch durch noch so große Pumpen läßt sich das effektive Saugvermögen hier nicht steigern. Aber auch beim Einsatz von Kühlfallen und Dampfsperren ist Gl. (3.124) zu beachten. Je besser diese Bauelemente wirken sollen, desto höher ist ihr Strömungswiderstand, desto mehr begrenzen sie das effektive Saugvermögen.

Die hier angegebenen Beziehungen für Strömungsleitwerte sind unter der Annahme berechnet worden, daß auf den Wänden der Leitwerte keine Adsorptionsvorgänge stattfinden. Ist dies jedoch der Fall, dann komplizieren sich die Verhältnisse. Die Strömungen setzen verzögert ein, da sich erst ein Bedeckungsgleichgewicht auf den Rohrwandungen der Leitwerte einstellen muß (vgl. [1]).

3.8.2. Verdrängerpumpen

Die Wirkungsweise der Verdrängerpumpen basiert auf der Ausnutzung des BOYLEschen Gesetzes (Sonderfall von Gl. (3.1) für $dT = 0$). Ein als Schöpfraum bezeichnetes Volumen wird periodisch vergrößert und verkleinert. Ventile oder Schieber sorgen dafür, daß bei der Vergrößerung das Volumen mit dem Rezipienten in Verbindung steht, bei der Verkleinerung aber vom Rezipienten abgesperrt wird. Das Gas wird nach Erreichen des Atmosphärendruckes durch das Auslaßventil ausgestoßen. Während früher dieses Prinzip durch *Hubkolbenpumpen* realisiert wurde, werden seit mehr als 50 Jahren *Dreh-*

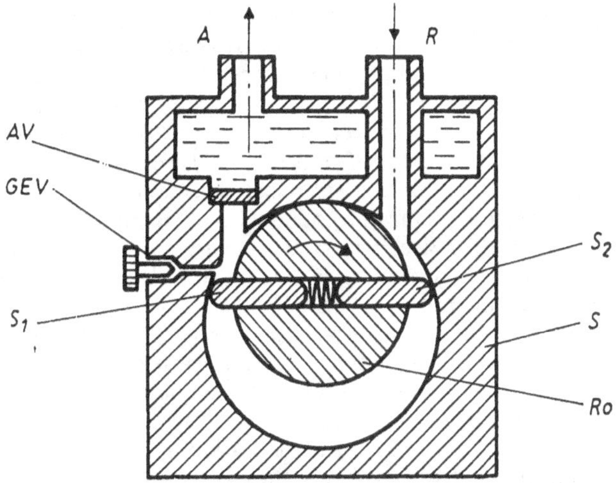

a)

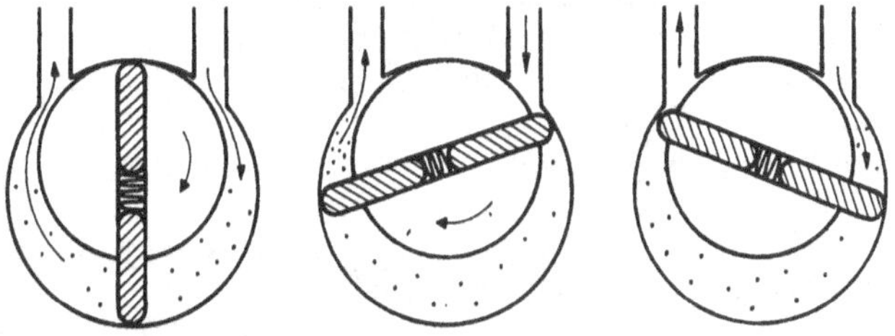

b)

Abb. 3.56. Drehschieberpumpe,

a) Mechanischer Aufbau. A = Auspuffseite, GEV = Gaseinlaßventil, S_1, S_2 = Schieber, S = Stator, Ro = Rotor, R = Ansaugstutzen.

b) Verschiedene Rotorstellungen

schieberpumpen benutzt. Bei diesen (vgl. Abb. 3.56) ist in einem zylindrisch gebohrten Stator S ein Rotor R exzentrisch angeordnet. Dieser ist geschlitzt. Durch Federn werden zwei Schieber S_1, S_2, die in dem Rotorschlitz gleiten können, an die Wand des Stators gepreßt. Der Stator ist mit Öl, das durch das Ausstoßventil AV in den Stator gelangen kann, überlagert. Es dient sowohl der Schmierung als auch zur Dichtung der Schieber an der Wand des Stators. Außerdem verhindert es ein zu hartes Schließen des Ausstoßventils (Ventilschlagen). Dreht sich der Rotor in Uhrzeigerrichtung, dann wird der sichelförmige Schöpfraum, der mit dem Rezipienten über das Rohr R in Verbindung steht, vergrößert. Der Druck sinkt dadurch, und aus dem Rezipienten strömt Gas nach. Hat der Schöpfraum sein Maximalvolumen erreicht, sperrt der andere Schieber den ersten Schöpfraum vom Rezipienten ab. Nunmehr wird bei weiterer Drehung in diesem ersten Schöpfraum das Gas komprimiert, bis beim Erreichen des Atmosphärendruckes das Auslaßventil öffnet. Das Gas gelangt dann durch das Öl in die Atmosphäre. Der Enddruck dieser Anordnung wird dadurch begrenzt, daß das Gas von der Hochdruckseite zur Niederdruckseite diffundieren kann. Den Enddruck kann man verkleinern, indem man zwei solche Pumpen hintereinanderschaltet. Man erreicht mit einer solchen Anordnung Enddrücke von ca. 1 ··· 0,1 Pa. Mit dieser beschriebenen Anordnung können kondensierbare Gase nicht unmittelbar abgepumpt werden. Sie würden bei der Kompression kondensieren. Das Kondensat könnte sich in dem Öl lösen oder mit dem Öl eine Emulsion bilden. Auf diese Weise gelangt das Kondensat wieder auf die Rezipientenseite und kann dort verdampfen, während es kaum an die Atmosphäre ausgestoßen wird. Durch den von Gaede eingeführten Gasballast läßt sich jedoch auch ein kondensierbarer Dampf abpumpen. Während der Kompressionsphase wird dem Gas über das Gaseinlaßventil GEV atmosphärische Luft zugeführt. Dadurch steigt im Schöpfraum der Gasdruck auf Atmosphärendruck an, ehe das Kompressionsverhältnis so groß ist, daß der Dampf kondensieren kann. Der Dampf wird dann mit dem Gas ausgestoßen. In Abb. 3.57 sind die Druckverhältnisse im (abgeschlossenen) Schöpfraum als Funktion des Kompressionsverhältnisses (Maximalvolumen/Momentanvolumen) dargestellt. Da der erforderliche Gasballast nicht nur vom Partialdruck des abzupumpenden Dampfes, sondern auch von der Pumpentemperatur bestimmt wird, ist es vorteilhaft, Dämpfe

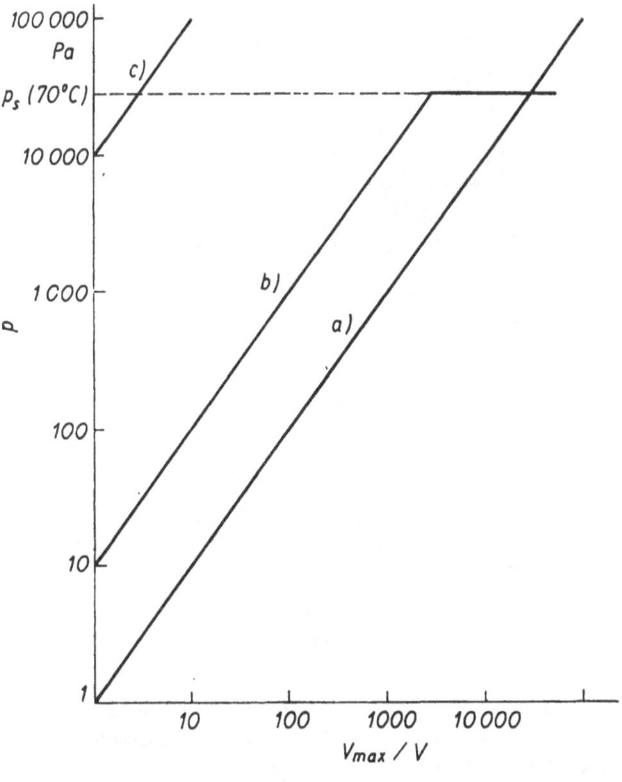

Abb. 3.57. Wirkungsweise des Gasballastes. Druck im Kompressionsraum als Funktion des Kompressionsverhältnisses V_{max}/V bei kondensierbaren Dämpfen und bei einem idealen Gas. p_s = Sättigungsdampfdruck bei der Betriebstemperatur der Pumpe,

a) ideales Gas, b) 10Pa Wasserdampfpartialdruck, c) Gaseinlaß bis auf 10^4 Pa zu Beginn der Kompressionsphase erst dann abzupumpen, wenn die Pumpe ihre Betriebstemperatur erreicht hat.

Während in der DDR vorwiegend Drehschieberpumpen eingesetzt werden, benutzen viele Länder Sperrschieber- oder *Drehkolbenpumpen*. Ihre Wirkungsweise

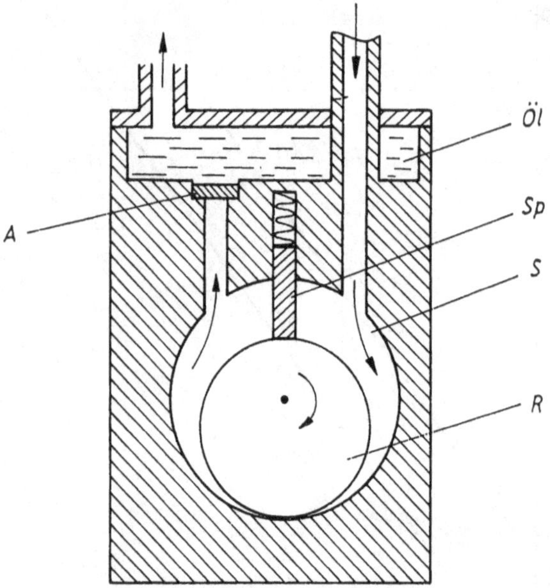

Abb. 3.58. Sperrschieber- oder Drehkolbenpumpe. S = Statorbohrung, R = Rotor, Sp = Sperrschieber, A = Ausstoßventil

ist ganz ähnlich wie die der Drehschieberpumpen. Bei ihnen (Abb. 3.58) ist der Rotor mit einer exzentrischen Achse versehen, die durch die konzentrische Achse der Statorbohrung läuft. Ein in einem Schlitz angeordneter Schieber dichtet die Hochdruckseite von der Niederdruckseite ab. Die Eigenschaften der Sperrschieberpumpen entsprechen weitgehend denen der Drehschieberpumpen.

Seit einigen Jahren werden auch *Rootspumpen* in der Vakuumtechnik eingesetzt. Bei diesen (Abb. 3.59) rotieren zwei 8förmige Drehkolben (= Läufer) in einem Gehäuse mit entgegengesetztem Umlaufsinn. Die Drehkolben sind durch Zahnräder miteinander gekoppelt. Beim Umlauf wickeln sich die Drehkolben gegenseitig aufeinander ab, wobei keine Berührung der Läufer untereinander oder mit dem Gehäuse stattfindet. Die abzupumpenden Gase treten durch die Ansaugöffnung A in

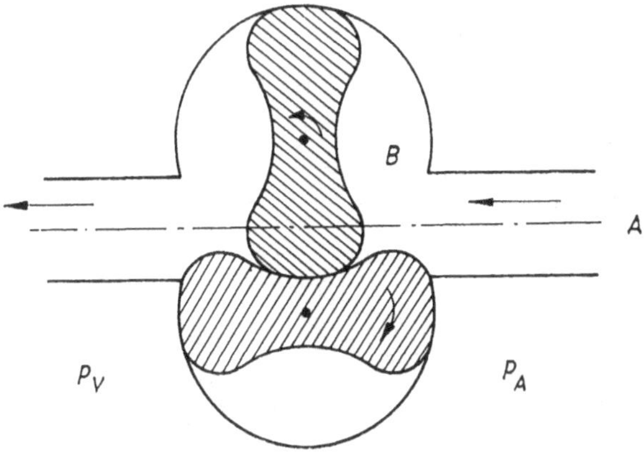

Abb. 3.59. Rootspumpe (Erläuterung im Text)

den sich erweiternden Schöpfraum B. Bei weiterer Kolbendrehung wird dieser von der Vakuumseite abgetrennt. und mit der Vorvakuumseite verbunden. Dabei strömt zunächst Gas von dieser in den Schöpfraum B und wird dann gemeinsam mit dem geförderten Gas ausgestoßen. Die Spalte zwischen den Läufern und zwischen diesen und dem Gehäuse werden durch Öl gedichtet. Es gibt auch Rootspumpen, bei denen infolge der engen Spalte zwischen den Läufern und zwischen den Läufern und dem Stator keine Öldichtung erforderlich ist. Bei niedrigem Druck stellen diese engen Spalte sehr große Strömungswiderstände dar, durch die nur wenig Gas von der Vorvakuumseite zur Ansaugseite zurückströmt. Da immer etwas Gas von der Druck- zur Ansaugseite zurückströmt, kann man das Verhältnis von Vorvakuumdruck zu Ansaugdruck nicht beliebig groß machen. Die Rootspumpe kann daher nicht auf Atmosphärendruck komprimieren, sondern sie benötigt immer eine Vorpumpe. Man rechnet mit Werten von $p_V/p_A = 10 \cdots 20$. Der Vorteil der Rootspumpen besteht darin, daß sie noch ein hohes Saugvermögen besitzen in einem Druckbereich, in dem das Saug-

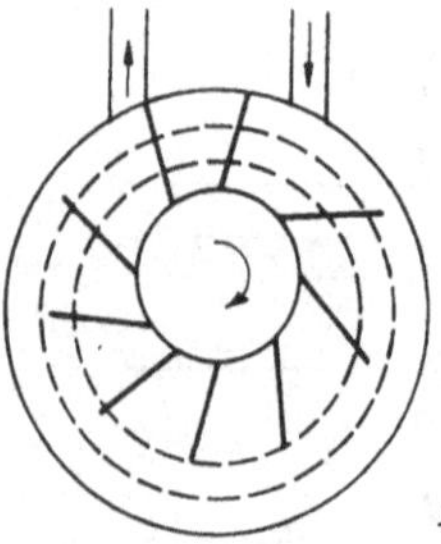

Abb. 3.60. Wasserringpumpe

vermögen der mechanischen Vorvakuumpumpen (Drehschieber- oder Drehkolbenpumpen) stark abfällt. Sie werden deshalb häufig zwischen Vorvakuum- und Diffussionspumpe geschaltet, wenn mit einem hohen Gasanfall im Rezipienten zu rechnen ist.

Zum Abpumpen großer Mengen kondensierbaren Dampfes werden *Wasserringpumpen* benutzt (Abb. 3.60), bei denen ein in einem Stator exzentrisch angeordnetes Flügelrad bei Rotation einen Flüssigkeitsring um sich herum erzeugt. Dieser wirkt als Dichtung. Es entstehen dadurch Kammern, deren Volumen sich periodisch verändert. Zur Ergänzung des in die Ausstoßöffnung geratenen Wassers und zur Stabilisierung der Pumpentemperatur muß ständig Frischwasser zugeführt werden.

3.8.3. Treibmittelpumpen

Bei den Treibmittelpumpen wird die Strömung eines Treibmittels (Flüssigkeit oder Dampf) zur Erniedrigung des Druckes ausgenutzt. Bei *Wasserstrahlpumpen* strömt Wasser mit relativ hohem Druck durch eine Düse (Treibdüse), in der die Strömungsgeschwindigkeit des Wassers stark vergrößert wird. Die Düse mündet in einen Mischraum, der mit dem Rezipienten verbunden ist. Dort vermischt sich das Wasser mit dem Gas. Das Gas-Wasser-Gemisch tritt dann in die Staudüse ein. In dieser findet der entgegengesetzte Vorgang statt: Unter Geschwindigkeitsabnahme wird das Gemisch auf den Atmosphärendruck komprimiert. Die Wirkungsweise läßt sich durch die vereinfachte BERNOULLIsche Gleichung, bei der der Schwerkraftanteil vernachlässigt wurde, verstehen:

$$p + \varrho v^2/2 = p_0 \tag{3.125}$$

(p = statischer Druck, $\varrho v^2/2$ = Staudruck, p_0 = Gesamtdruck). Im Mischraum, in den der Strahl mit hoher Geschwindigkeit eindringt, ist der statische Druck außerordentlich klein. Infolgedessen strömt aus dem Rezipienten Gas in den Mischraum. Es vermischt sich mit der Flüssigkeit und wird wegtransportiert. Benutzt man Wasser als Treibmittel, kann man einen Rezipienten bestenfalls bis zum Wasserdampfdruck evakuieren. Infolgedessen werden Wasserstrahlpumpen nur dort eingesetzt, wo Druckwerte von 1000···2000 Pa nicht wesentlich unterschritten werden müssen. Das Saugvermögen dieser Pumpen ist meist gering.

Um niedrigere Drücke zu erzeugen, haben sich in der Vakuumtechnik *Dampfstrahlpumpen* eingebürgert, die als Treibmittel Quecksilber oder Öl benutzen. Diese Treibmittel besitzen einen wesentlich niedrigeren Dampfdruck, der durch Kühlung noch weiter herabgesetzt werden kann. Infolge ihres hohen Preises muß man die Treibmittel stets wieder zurückgewinnen, so daß diese

Pumpen in der Regel einen geschlossenen Treibmittel-Kreislauf besitzen, der in Abb. 3.61 schematisch dargestellt ist. Das Treibmittel wird in dem Siedegefäß verdampft, strömt aus der Treibdüse (meist eine Lavaldüse) mit Überschallgeschwindigkeit und breitet sich im Mischraum aus. Dort vermischt sich der Treibdampf durch Diffusion mit dem abzupumpenden Gas oder Dampf. Das entstandene Gemisch wird in der Staudüse (Diffusor)

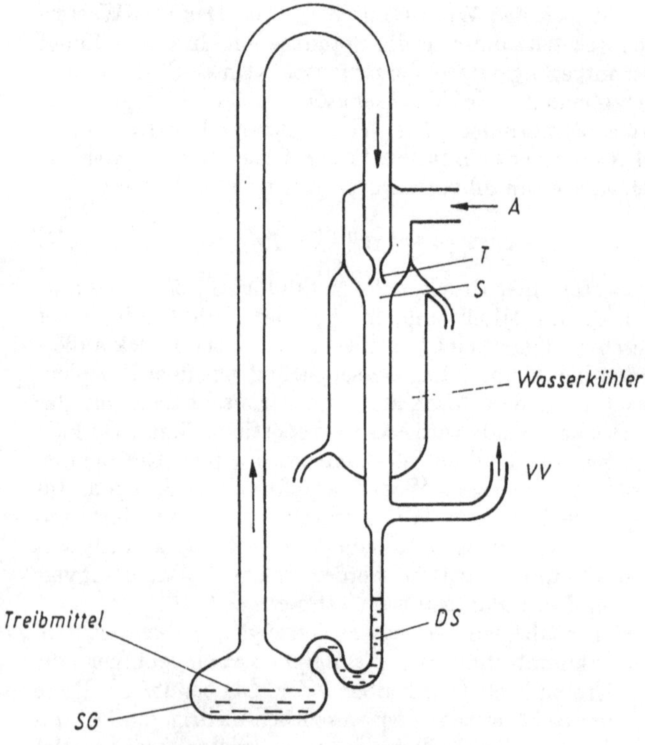

Abb. 3.61. Dampfstrahlpumpe,

T = Treibdüse, SG = Siedegefäß, S = Staudüse, DS = Druckstufe, A = Ansaugstutzen, VV = Vorvakuumstutzen

wieder abgebremst. An der gekühlten Wand wird der Treibdampf wieder kondensiert und läuft über eine Druckstufe in das Siedegefäß zurück, während das komprimierte Gas am Vorvakuumstutzen abgesaugt wird.

Da die Ausbreitung des Dampfstrahles von dem umgebenden Druck abhängt, arbeiten diese Pumpen nur bei einem relativ niedrigen Gasdruck. Es ist also eine Vorpumpe erforderlich. Bei den *Diffusionspumpen* strömt der Treibdampf ebenfalls durch Düsen. Er vermischt sich danach im Mischraum mit Gas, das in den Treibdampfstrahl eindiffundiert. Das Gas erhält in dem Treibdampf eine Geschwindigkeitskomponente, die zum Vorvakuumstutzen gerichtet ist. Während die Dampfmoleküle an den Wänden der Pumpe kondensieren und das Kondensat zum Siedegefäß zurückfließt, wird das Gas von der Vorpumpe abgesaugt. Bei der in Abb. 3.62 dargestellten Diffusionspumpe erfolgt eine sog. Fraktionierung des Öles, das man bei technischen Ausführungen meist als Treibmittel benutzt: Das Kondensat fließt über eine Druckstufe in den äußeren Teil des Siedegefäßes. Die Randzonen des Siedegefäßes, die die niedrigste Temperatur aufweisen, speisen die äußere Düse. Diese erhält demzufolge die Komponenten mit dem höchsten Dampfdruck. Im Unterschied dazu erhält die obere Düse, die dem Rezipienten am nächsten liegt, nur noch die Komponenten mit dem niedrigsten Dampfdruck (höchste Siedetemperatur). Dadurch erreicht man, daß an der Hochvakuumseite nur Treibmittel mit niedrigem Dampfdruck ist. Durch Weiterentwicklung der Treibmittel und Überhitzung der Düsen oder des Treibmittels verzichtet man heute bereits wieder teilweise auf diese Fraktionierung.

Bei den Diffusionspumpen müssen die Gasteilchen tief in den Treibdampfstrahl eindringen. Dies ist nur möglich, wenn der Druck des Gases hinreichend niedrig ist, so daß sich einerseits der Treibdampf richtig ausbreiten kann und andererseits die mittlere freie Weglänge der Gasteilchen hinreichend hoch ist. Der zum Betrieb einer

Diffusionspumpe nötige Vorvakuumdruck wird meist durch eine Drehschieberpumpe erzeugt. Bei großtechnischen Anlagen wird — insbesondere dann, wenn mit einem großen Gasanfall zu rechnen ist —, zwischen die Drehschieberpumpe und die Diffusionspumpe noch eine Rootspumpe geschaltet.

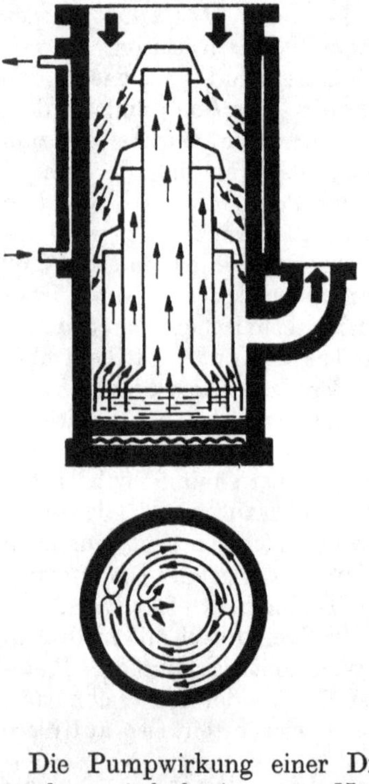

Abb. 3.62. Fraktionierende Öldiffusionspumpe

Die Pumpwirkung einer Diffusionspumpe läßt sich stark vereinfacht in erster Näherung berechnen, indem man annimmt, daß die Treibdampfmoleküle mit einer einheitlichen Geschwindigkeit w in Achsrichtung (z-Richtung) strömen (vgl. Abb. 3.63) und den ganzen Pumpenquerschnitt A einheitlich ausfüllen (vgl. Jaeckel [5]). Mit w wird hier die *gerichtete* Geschwindigkeit der

Treibdampfmoleküle (im Unterschied zur thermischen Geschwindigkeit v) bezeichnet. Die Teilchendichte der Treibdampfmoleküle sei n_d. An der Stelle $z = 0$ dringe Gas in den Dampfstrahl ein. Die Gasteilchendichte n_g sei stets viel kleiner als n_d. Durch Wechselwirkung mit den Treibdampfmolekülen erhalten die Gasteilchen eine

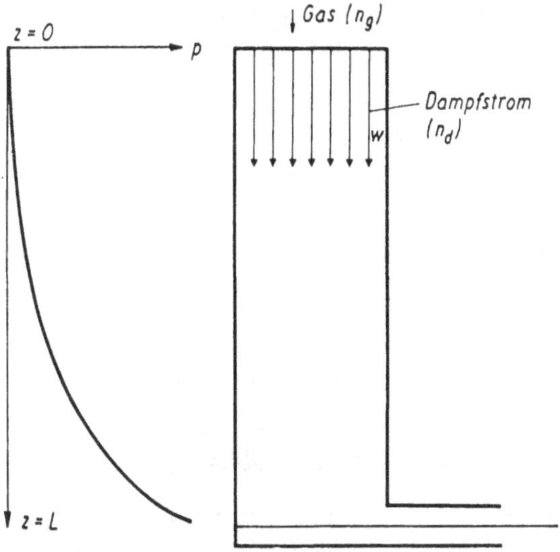

Abb. 3.63. Stark vereinfachte Darstellung der Wirkungsweise einer Diffusionspumpe

einheitliche Geschwindigkeitskomponente in z-Richtung. Dadurch steigt mit wachsendem z die Gasteilchendichte an. Durch diesen Teilchendichtegradienten diffundieren Gasteilchen in umgekehrter Richtung. Gleichgewicht herrscht dann, wenn

$$n_g w = D\,(\mathrm{d}n_g/\mathrm{d}z) \qquad (3.126)$$

(D = Diffusionskoeffizient des Gases im Treibdampf, der sich unter der Voraussetzung $n_d \gg n_g$ darstellen läßt als $D = D_0/n_d$). Durch Integration von $z = 0$ bis zu $z = L$ (der Stelle, wo das komprimierte Gas abgesaugt wird) folgt

$$p(L) = p(0) \exp(sLn_d/D_0). \qquad (3.127)$$

Die Größe $p(L)/p(0)$ wird als Vorvakuumbeständigkeit bezeichnet. Durch Erhöhen von w und n_d (beides läßt sich durch Erhöhen der Heizleistung erreichen) kann man in gewissen Grenzen die Vorvakuumbeständigkeit verbessern.

Den Grenzwert des Saugvermögens (= Volumendurchsatz), den man unter günstigsten Bedingungen erreichen könnte, kann man abschätzen, indem man annimmt, daß jedes Gasteilchen, das auf die Ansaugöffnung mit der Fläche A trifft, abgepumpt wird. Die Zahl der Gasteilchen, die auf diese Fläche pro Zeiteinheit treffen, ist (Gl. (3.16))

$$\mathrm{d}N/\mathrm{d}t = n\,\mathrm{d}V/\mathrm{d}t = An\bar{v}/4.$$

Hieraus folgt der unter günstigen Bedingungen erzielbare Volumendurchsatz

$$S_{\max} = \mathrm{d}V/\mathrm{d}t = A\bar{v}/4. \qquad (3.128)$$

Faßt man die Eintrittsöffnung einer Diffusionspumpe als eine Lochblende auf, dann stimmt der Volumendurchsatz, den man bei einer Pumpe als Saugvermögen bezeichnet, mit dem Leitwert dieser Lochblende überein. Die Zahlenwertgleichung ergibt für Luft ($M_r = 29$) mit einer Temperatur $T = 293$ K einen Grenzwert des Saugvermögens von

$$S_{\max} = 11\,600\ \mathrm{cm^3/s \cdot A/cm^2}. \qquad (3.129)$$

Dieser Wert wird praktisch nie erreicht. Als Ho-Faktor bezeichnet man das Verhältnis von gemessenem Saugvermögen zu dem maximal möglichen, nach Gl. (3.128) berechneten. Nach dieser Gleichung verhalten sich die Grenzwerte des maximalen Saugvermögens für verschiedene Gase wie die mittleren Teilchengeschwindigkeiten, also umgekehrt wie die Wurzeln aus den Molekulargewichten. Infolgedessen hängt das Saugvermögen einer Pumpe von der Gasart ab.

3.8.4. Molekularpumpen und Turbomolekularpumpen

Bei Treibmittel-, Molekular- und Turbomolekularpumpen erhalten die Gasteilchen einen Geschwindigkeitsimpuls in einer gewünschten Richtung, so daß ein Gasteilchenstrom entsteht, der seinem Dichtegefälle entgegengerichtet ist. Dieser Eigenschaft wegen faßt man diese Pumpen unter der Bezeichnung Förderpumpen zusammen.

Hat man in einem Kanal Gasteilchen mit einer solchen Dichte, daß die mittlere freie Weglänge in der Größenordnung der Querschnittsabmessungen ist, dann stoßen die Gasteilchen vorzugsweise mit den Wänden des Kanals zusammen. Bewegt man eine der Kanalwände schnell in Richtung der Kanallängsachse, dann wird den auf diese Wand stoßenden Gasteilchen eine Geschwindigkeitskomponente in dieser Bewegungsrichtung übertragen. Dieser Impuls wird bei dem Stoß auf die ruhenden Wände wieder teilweise abgegeben, so daß sich in dem Kanal eine mittlere Strömungsgeschwindigkeit der Gasteilchen einstellt, deren Wert von der Geschwindigkeit der bewegten Fläche abhängt. Diese Erscheinung wird bei den Molekularpumpen ausgenutzt. Eine der ersten konstruktiven Lösungen stammt von GAEDE. Der Transport der Gase erfolgte in Kreiskanälen, die zwischen einem Stator und einem Rotor gebildet wurden. Durch Überströmöffnungen sind die Kanäle hintereinandergeschaltet. Damit das Gas nicht in den Spalten zurückströmen kann, dürfen die Abstände zwischen den bewegten und feststehenden Teilen 10^{-2} mm nicht wesentlich überschreiten. Um einen Pumpeffekt zu erzielen, waren Drehzahlen von 3000 min^{-1} nötig. Das Saugvermögen war bei diesen Konstruktionen, deren Fertigung große technologische Schwierigkeiten mit sich brachte, sehr gering (ca. $1{,}5 \cdot 10^{-3}$ m³/s), und der Enddruck lag in der Größenordnung von 10^{-3} Pa. Zum Erreichen der anfangs geschilderten Betriebsbedingungen ist Vorvakuum (10^{-1} Pa) erforderlich. Während diese Art der Molekularpumpen infolge der großen Fertigungsschwierigkeiten kaum Anwendung fand, wurde durch die Erfindung der Turbo-

a)

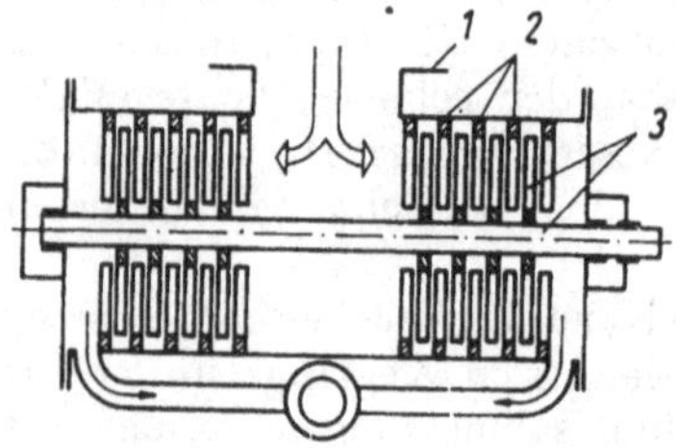

b

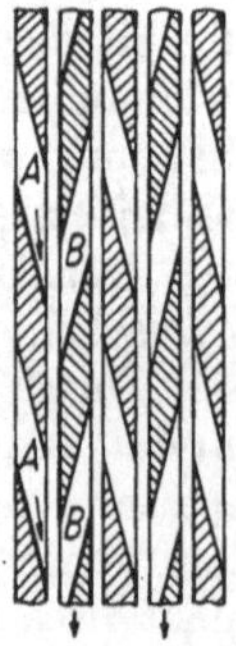

Abb. 3.64. Turbomolekularpumpe nach BECKER,
a) Gesamtdarstellung, b) Abwicklung von Statorscheiben A und Rotorscheiben B

molekularpumpe von BECKER im Jahre 1958 ein entscheidender Fortschritt auf diesem Gebiet erzielt. Bei diesem Turbinenprinzip wird erreicht, daß infolge einer sehr großen Zahl von Stufen die Druckerhöhung pro Stufe so klein ist, daß Spaltbreiten von 1 mm noch zu tragbaren Verlusten führen. Der erste Pumpentyp dieser Art (Abb. 3.64) erreichte bereits bei einer Drehzahl von 16000 min^{-1} einen Enddruck unter 10^{-7} Pa und ein Saugvermögen von 0,14 $m^3 s^{-1}$. Seit 1958 wurden die Eigenschaften dieser Pumpen ständig verbessert, so daß sie heute für größere technische UHV-Anlagen ebenso wie für anspruchsvolle UHV-Laboranlagen eingesetzt werden können. Ihre Vorteile sind der geringe Energiebedarf, der niedrige Enddruck, das große Saugvermögen und ein geringer Anteil von Kohlenwasserstoffen im Restgas.

3.8.5. *Speicherpumpen*

Bei den Speicherpumpen verbleibt das Gas im Rezipienten oder in der Pumpe. Es wird dort durch Kondensation, Physisorption oder Chemisorption gebunden. Aktivkohle (= Holz- oder Blutkohle mit besonders großer spezifischer Oberfläche), Gele (= Substanzen, die unter besonderen Bedingungen aus kolloidalen Lösungen ausgefällt werden und sich durch große Oberflächen auszeichnen, z. B. Al_2O_3) und Molekularsiebe oder Zeolithe (= Al—Mg-Silikate, bei denen durch Erhitzen das Kristallwasser ohne Zerstören des Kristallaufbaus entfernt wurde) können durch Physisorption meist bei tiefen Temperaturen Gas binden.

Den prinzipiellen Aufbau einer Sorptionspumpe zeigt Abb. 3.65a. Durch Kühlen mit flüssigem Stickstoff pumpt das Sorptionsmittel Gas. Bei Erwärmung auf Zimmertemperatur gibt es das Gas wieder ab. Da von dem Sorptionsmittel nur eine begrenzte Gasmenge gebunden werden kann, hört nach einer gewissen Pumpzeit, die von dem Gasanfall abhängt, die Pumpwirkung auf. Um

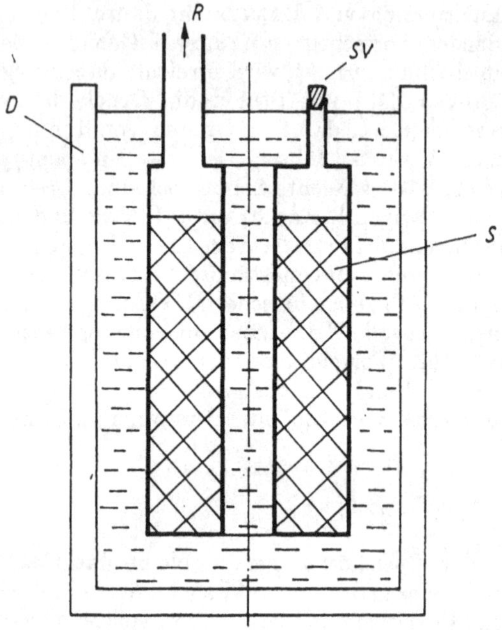

a)

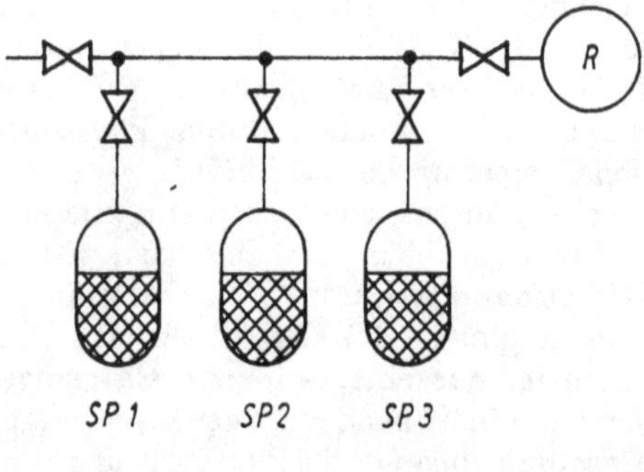

b)

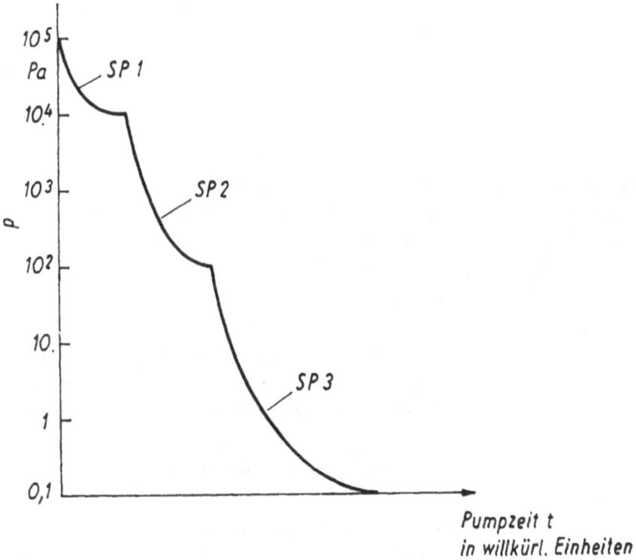

c)

Abb. 3.65. Sorptionspumpe,

a) Prinzipieller Aufbau. S = Sorptiomsnittel, R = zum Rezipienten, SV = Sicherheitsventil, D = Dewargefäß mit kryogener Flüssigkeit,

b) Anordnung von 3 Sorptionspumpen $SP_1 \cdots SP_3$ zum stufenweisen Auspumpen eines Rezipienten R,

c) Schematische Darstellung des Druck-Zeit-Verlaufes beim stufenweisen Abpumpen mit SP_1, SP_2 und SP_3

einen Rezipienten von Atmosphärendruck beginnend auf einen hinreichend kleinen Druck (0,1 Pa oder darunter) auspumpen zu können, ordnet man meist mehrere Sorptionspumpen an, die man der Reihe nach in Betrieb nimmt (Abb. 3.65b). Der dabei erhaltene Druckverlauf ist schematisch in Abb. 3.65c dargestellt. Sorptionspumpen sind nicht geeignet für Evakuierungsprozesse mit kontinuierlichem Gasanfall. Ihr Vorteil liegt darin, daß sie ein treib- und schmiermitteldampffreies Vakuum erzeugen. Beim Erwärmen auf Zimmertemperatur muß durch Sicherheitsventile dafür gesorgt werden, daß in der Pumpe durch das Freisetzen des physisorbierten Gases kein Überdruck entsteht.

Getter sind Substanzen, die Gase durch Chemisorption oder chemische Reaktionen binden können. Bekannt sind Ba, Ti, Ta, Nb, Zr, Th, Al, Mg und einige Metalllegierungen. Getter binden nur chemisch aktive Gase (O_2, H_2, CO, CO_2, N_2, H_2O usw., also *keine* Edelgase!). Da auch die Getter nur begrenzte Gasmengen binden können, finden sie Anwendung beim Evakuieren kleiner Volumina oder zum Aufrechterhalten eines kleinen Drukkes bei geringem Gasanfall. Das bevorzugte Einsatzgebiet ist die Röhrenindustrie, für die die Getter entwickelt und ausführlich untersucht wurden. Im Unterschied zu den Sorptionspumpen wird das Gas hier bei Zimmertemperatur oder bei erhöhter Temperatur gebunden.

Wohl als einziges Gettermaterial wird Titan auch bei größeren Vakuumanlagen benutzt. Dazu wurden sog. Titansublimationspumpen entwickelt, bei denen aus einem Titanvorrat ständig Titan verdampft und auf gekühlten Flächen niedergeschlagen wird. Durch dieses allmähliche Verdampfen des Titans werden ständig neue, saubere Getterschichten erzeugt, die erneut Gas chemisorbieren können. Das Saugvermögen eines Getters wird wesentlich verbessert, wenn in dem Gas durch Elektronenstoß Ionen oder angeregte, metastabile Gasteilchen erzeugt werden.

Diese Eigenschaft nutzt man nicht nur bei den Elektronenröhren, sondern auch bei den Ionengetterpumpen aus. Hier wird einerseits ständig eine neue, saubere Titanschicht erzeugt, andererseits werden durch eine Glüh- oder Kaltkatodenentladung Ionen und angeregte Gasteilchen erzeugt, die in diese sauberen Schichten hineingeschossen werden. Durch diese Kombination von Getterung und Ionisation können sogar Edelgase in geringem Umfang abgepumpt werden. Für technische Zwecke

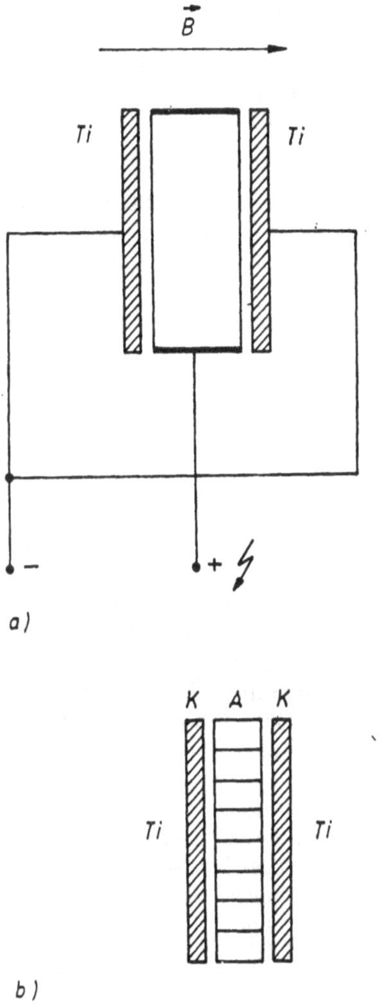

Abb. 3.66. Ionen-Zerstäuberpumpe, Diodenausführung
a) Prinzip einer einzelnen Seite
d) Aufbau bei der Parallelschaltung vieler Zellen

hat sich die Ionenzerstäuberpumpe weitgehend durchgesetzt. Ihr Aufbau (Abb. 3.66a) ähnelt dem eines PENNING-Ionisationsmanometers, dessen Katoden aus Titan gefertigt werden. Die Gasionen gelangen auf die Katoden und lösen aus diesen einerseits Elektronen aus, die für die Aufrechterhaltung der Gasentladung verantwortlich sind. Andererseits zerstäuben sie Katodenmaterial, so daß sich an verschiedenen Stellen der Pumpe saubere Titanfilme bilden, die Gase durch Chemisorption binden können. Die Ionen selbst bleiben aber auch z. T. in den Katoden stecken und verschwinden damit aus dem Gasraum. Bei weiterem Abstäuben können früher aufgezehrte Gasteilchen wieder befreit werden (Erinnerungseffekt = Memory-Effekt). Da das Saugvermögen einer einzigen PENNING-Zelle gering ist (ca. $0{,}5 \cdot 10^{-3}\ m^3/s$) schaltet man bei einer technischen Pumpe viele PENNING-Zellen parallel, um das Saugvermögen zu vergrößern (Abb. 3.66b). Während die zwei Katoden allen diesen Zellen gemeinsam sind, erhält die Anode wabenförmige Struktur. Die im gesamten Querschnitt eines Anodenkanals gebildeten Ionen treffen senkrecht auf die Katoden. Um den dadurch entstandenen Zerstäubungskrater wird Katodenmaterial abgelagert, in das Edelgasatome eingebaut werden. Häufig werden die Stellen, die zerstäubt werden, in Form von Pillen aus Gettermaterial ausgeführt. Dieses wird auf einer schwer zerstäubbaren Unterlage angebracht.

Ein besonders hohes Saugvermögen für Edelgase besitzen die Triodenpumpen, bei denen auch die Katoden wabenförmig ausgeführt sind (Abb. 3.67). Hinter jeder Katode befindet sich eine weitere Elektrode, der Kollektor. Dieser besitzt gleiches Potential wie die Anode. Die im gesamten Anodenquerschnitt gebildeten Ionen treffen streifend auf die Wände des Katodenkanals und zerstäuben das Katodenmaterial, so daß ein Teil des Titans der Katode auf den Kollektor kommt. Die Ionen werden vor dem Kollektor so weit abgebremst, daß der Kollektor nicht zerstäubt wird. Auf die Kollektoroberfläche auftreffende Gasteilchen werden durch nachfolgendes Titan begraben.

Dioden- und Triodenpumpen können erst bei einem Startdruck unterhalb von 1 ··· 0,1 Pa in Betrieb genommen werden. Sie liefern ein treibmitteldampffreies Vakuum. Mit sinkendem Druck sinkt der Entladungsstrom und damit die Zerstäubungsrate, so daß die Pumpen außerordentlich ökonomisch mit dem Material und der Energie arbeiten. Von Vorteil ist, daß weder Wasserkühlung benötigt wird noch rotierende Teile in diesen Pumpen vorhanden sind, die einer besonderen Pflege und Wartung bedürfen und dem Verschleiß unterworfen sind.

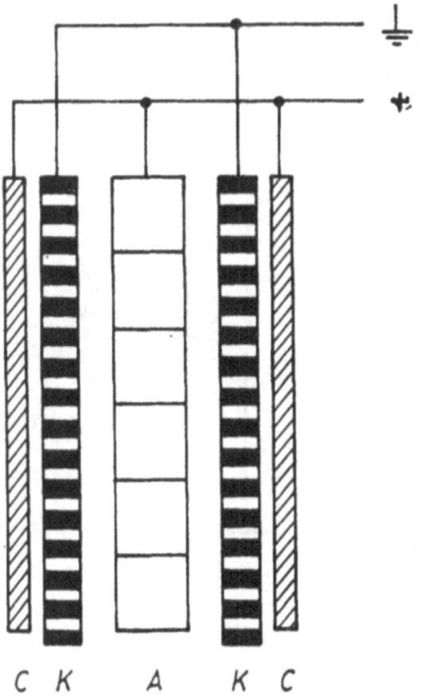

Abb. 3.67. Ionenzerstäuberpumpe, Triodenausführung, A = Anode, C = Kollektor, K = Katode

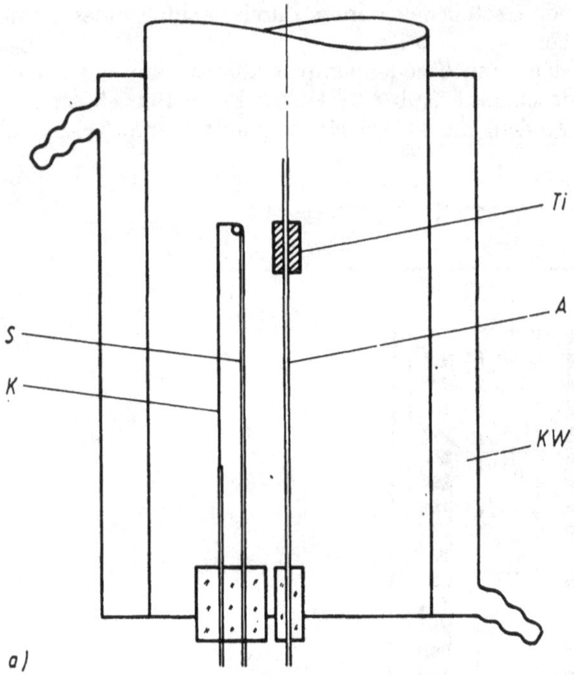

a)

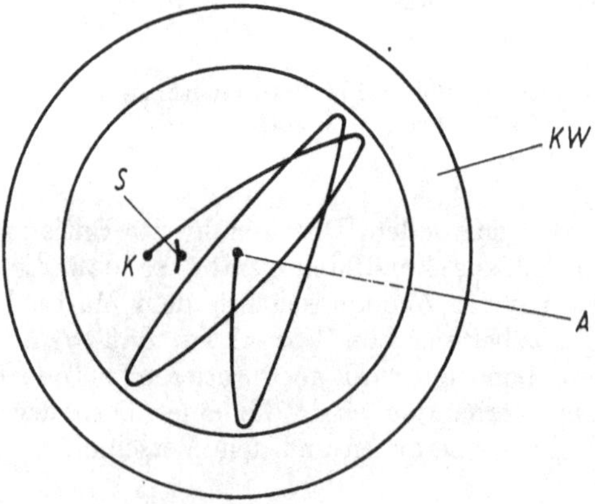

b)

Einen wesentlichen Nachteil bringt bei den Zerstäuberpumpen das erforderliche hohe Magnetfeld, das meist noch mit Streufeldern verbunden ist. Dieser Nachteil kann bei der Glühkatodenentladung vermieden werden.

Eine Pumpe, die sich durch einen besonders geringen Erinnerungseffekt auszeichnet und außerdem ein hohes Saugvermögen für Edelgase hat, ist die Orbitron-Pumpe (Abb. 3.68), bei der extrem lange Elektronenbahnen im Feld eines Zylinderkondensators erzielt werden, indem Elektronen mit einem bestimmten Bahndrehimpuls erzeugt und so in das Feld geschossen werden, daß sie nicht direkt zu dem axial angeordneten Anodenstab fliegen können. Sie beschreiben lange, stabile Bahnen (Kingdon-Bahnen) um die Anode. Bei hinreichend hohen Anodenspannungen wird das auf der Anode befindliche Titan durch Elektronenbombardement sublimiert. Es schlägt sich auf der gekühlten Gehäusewand nieder. Von Nachteil ist die Wasserkühlung.

Bei den Kryopumpen nutzt man die Kondensation von Gasen an tiefgekühlten Oberflächen aus. In der Tab. 3.7 sind die Sättigungsdampfdrücke p_s einiger Gase bei $T = 20$ K (Siedetemperatur des flüssigen Wasserstoffs) angegeben. Bei dieser Temperatur besitzen die meisten in der Luft enthaltenen Gase Sättigungsdampfdrücke unter 10^{-8} Pa. Nur H_2, He und Ne haben bedeutend größere Dampfdrücke. Diese Gase sind in der atmosphärischen Luft aber nur zu einem sehr geringen Prozentsatz enthalten (vgl. Tab. 3.8). Reduziert man den Atmosphärendruck mit einer Diffusionspumpe auf 10^{-4} Pa, dann liegen die Partialdrücke dieser letztgenannten Gase unter 10^{-9} Pa und beeinflussen den Totaldruck in einer Kryopumpe kaum noch.

Abb. 3.68. Orbitronpumpe,

a) Aufbau, schematisch, b) Querschnitt mit dem Beispiel einer Elektronenbahn, K = Katode, S = Schirm (zugleich Katodenhalter), A = Anode, KW = Kühlwassermantel, Ti = Titanvorrat

Tabelle 3.7

Sättigungsdampfdrücke p_s bei $T = 20$ K

Gas	p_s/Pa
N_2	$< 3 \cdot 10^{-9}$
A	$1 \cdot 10^{-9}$
CO	$1 \cdot 10^{-9}$
CO_2	$1 \cdot 10^{-9}$
H_2O	$1 \cdot 10^{-9}$
Ne	$\approx 6 \cdot 10^{4}$
H_2	10^{6}
He	$\gg 10^{5}$

Tabelle 3.8

Bestandteile der atmosphärischen Luft (nach KOHLRAUSCH [6])

Gas	Gewichtsprozente	Volumenprozente
N_2	75,47	78,03
O_2	23,20	20,99
A	1,28	0,93
CO_2	0,46	0,30
H_2	0,001	0,01
Ne	0,0012	0,0018
He	0,00007	0,0005
Kr	0,0003	0,0001
X	0,00004	0,000009

Bei den Kondensationspumpen werden große Oberflächen, auf denen Gas kondensieren kann, auf niedrige Temperatur gebracht. Diese Flächen werden unmittelbar im Rezipienten angeordnet. Da die Wände des Rezipienten meist auf einer höheren Temperatur T_W als die Kondensationsflächen liegen, stellt sich im Rezipienten nicht der Sättigungsdampfdruck p_s ein, der der Kondensationsflächentemperatur T_K entspricht, sondern ein höherer, effektiver Druck p_{eff}

$$p_{eff} = p_s(T_W/T_K)^{1/2}. \qquad (3.130)$$

Bei Badkryopumpen (Abb. 3.69) befindet sich im Rezipienten ein Gefäß, in das Kältemittel (flüssiger Wasserstoff oder flüssiges Helium) eingefüllt wird. Die gesamte Gefäßoberfläche wirkt i. a. als Kryopumpe. Bei den Verdampfungspumpen (Abb. 3.70) befindet sich im Rezipienten ein Rohrsystem, bei dem zur Vergrößerung

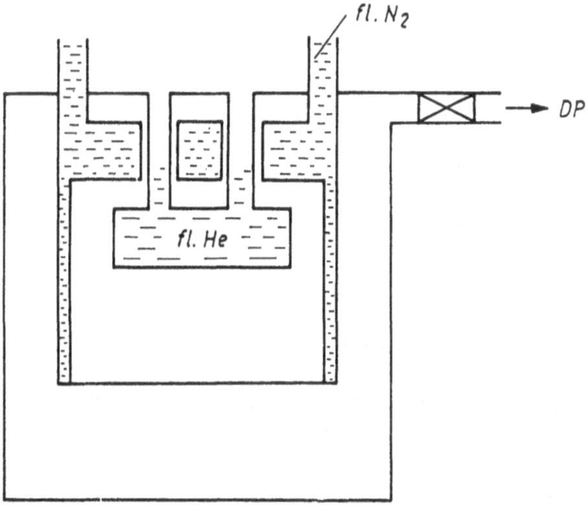

Abb. 3.69. Badkryopumpe

der pumpenden Fläche oftmals Bleche aufgeschweißt sind. Das Kältemittel wird mit Hilfe einer Vorvakuumpumpe direkt aus einem Vorratsgefäß durch dieses Rohrleitungssystem gesaugt. Bei diesen Pumpen läßt sich die Temperatur des Rohrsystems in einem großen Temperaturbereich stetig regeln. Das Saugvermögen berechnet man nach der Formel

$$S = A\nu_{\mathrm{A}}/\mathrm{n} \tag{3.131}$$

(A = Pumpenoberfläche, ν_{A} = flächenspezifische Wandstoßrate). Mit (3.16) folgt hieraus

$$S = (kT/2\pi m_0)^{1/2}. \tag{3.132}$$

Um die Wärmeeinstrahlung auf die Kühlflächen gering zu halten, baut man in die Rezipienten noch häufig

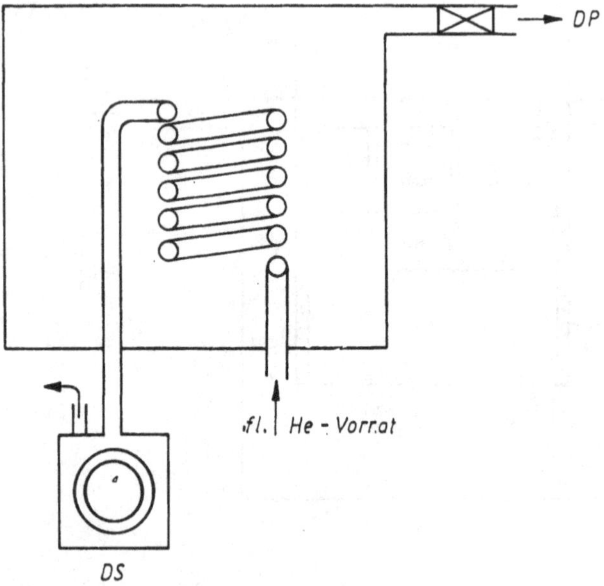

Abb. 3.70. Verdampferkryopumpe, DS = Drehschieberpumpe

Wärmeschirme ein, die mit flüssigem Stickstoff gekühlt werden. Dadurch erniedrigt sich nicht nur der Kühlmittelverbrauch, sondern auch entsprechend (3.130) der effektive Druck.

Um die entsprechend Tab. 3.7 nicht abpumpbaren Gase (H_2, He, Ne) mit Kryopumpen doch aus dem Rezipienten entfernen zu können, benutzt man das Cryotrapping. Bei diesem Verfahren wird ein fein dosierter Strahl eines leicht kondensierbaren Gases (z. B. CO_2) auf die Kühlfläche gerichtet. Beim Auftreffen auf die Kühlfläche kondensiert das Gas sofort. Ähnlich wie der Dampfstrahl einer Diffusionspumpe reißt auch dieser Gasstrahl die nicht kondensierbaren Gase zur Kühlfläche mit und begräbt sie dort.

Bei den Kryosorptionspumpen ist die Kühlfläche mit einem Sorptionsmittel (z. B. Zeolith) beschichtet. Über dem Sorptionsmittel stellt sich ein kleinerer Druck als der Sättigungsdampfdruck ein. Dadurch kann man den Druck weiter erniedrigen.

3.8.6. Zubehör zu Vakuumpumpen

Bei Drehschieberpumpen verhindert man, daß das zum Schmieren und Abdichten benutzte Öl in den Rezipienten gelangt, dadurch, daß man zwischen die Drehschieberpumpe und den Rezipienten eine Zeolithfalle bringt. Im sauberen Zustand bindet das Molekularsieb an seiner Oberfläche die Ölmoleküle bereits bei Zimmertemperatur. Eine derartige Sorptionsfalle ist in Abb. 3.71 dargestellt.

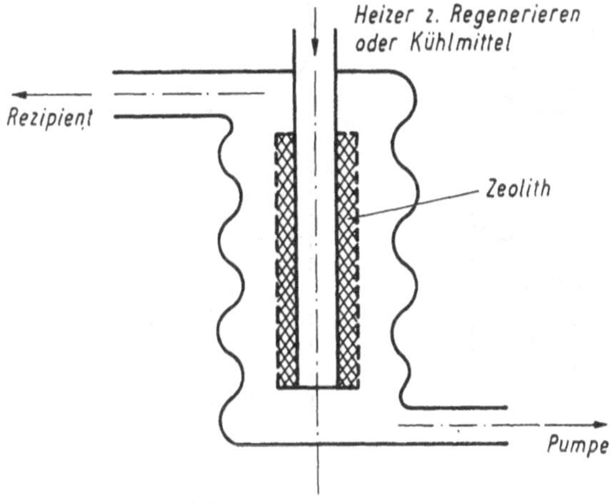

Abb. 3.71. Sorptionsfalle

Wenn das Sorptionsmittel gesättigt ist und deshalb keine Öldämpfe mehr sorbiert, kann es durch Heizen wieder regeneriert werden.

Zum Abpumpen von Wasserdampf setzt man häufig sog. Kondensatoren ein. Diese sind Gefäße, die gekühlte innere Oberflächen enthalten und zwischen Rezipient und Vorpumpe geschaltet werden. Die Kühlung der

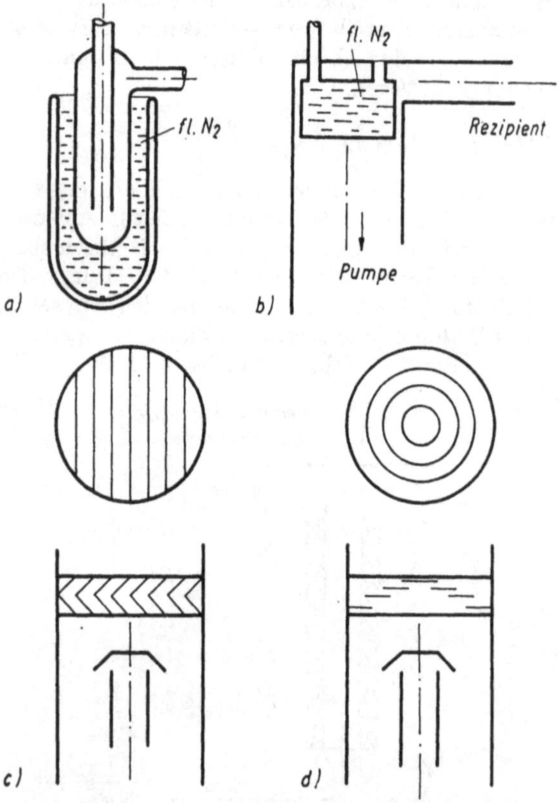

Abb. 3.72. Tiefkühlfallen und Baffles,

a) Tiefkühlfalle, Glasausführung, b) Metallausführung einer Tiefkühlfalle, c) und d) Baffles mit Wasserkühlung

Flächen erfolgt meist durch Kältemaschinen, seltener durch Eis oder Kältemischungen.

Um zu verhindern, daß Pumpentreibmitteldämpfe in den Rezipienten gelangen, wird zwischen der Diffusionspumpe und dem Rezipienten eine *Kühlfalle*, eine *Zeolithfalle* oder ein *Baffle* angeordnet. In Abb. 3.72 sind einige Ausführungsformen derartiger Bauelemente angegeben. Bei den Baffles (Dampfsperren) werden zwischen der Öldiffusionspumpe und dem Rezipienten gekühlte Bleche so angeordnet, daß für die Ölmoleküle kein direkter Weg von der Pumpe zum Rezipienten existiert. Diese Bleche werden meist durch Kühlwasser (seltener durch PELTIER-Effekt, Kühlaggregate oder kryogene Flüssigkeiten) gekühlt. Sie stellen in jedem Fall einen Strömungswiderstand dar, der das effektive Saugvermögen der Pumpe reduziert.

Kühlfallen werden mit kryogenen Flüssigkeiten, meist flüssigem Stickstoff, gekühlt. Sie sind dann besonders wirkungsvoll, wenn die Treibmittelmoleküle oder -atome mehrfach mit der Wand der Kühlfalle zusammenstoßen (und schließlich einmal kondensieren) müssen, ehe sie von der Pumpe zum Rezipienten gelangen. Die Kühlfallen reduzieren das Saugvermögen der Diffusionspumpen beachtlich.

3.8.7. *Kombination von Vakuumpumpen*

Da, wie Abb. 3.73 zeigt, der Arbeitsbereich der verschiedenen Pumpentypen unterschiedlich ist, muß man meist mehrere Pumpen kombinieren, um im Rezipienten den gewünschten Druck und die gewünschte Restgaszusammensetzung zu erhalten. Beispiele für bewährte Pumpenkombinationen sind:

1. Drehschieberpumpe — Öldiffusionspumpe — Baffle — Rezipient. (Kleinere Anlagen mit geringem Gasanfall, Enddruck ca 10^{-4} Pa, Restgas enthält Treibmitteldämpfe)

2. Drehschieberpumpe — Rootspumpe — Öldiffusionspumpe — Baffle — Rezipient. (Größere Anlagen mit großem Gasanfall, Enddruck ca. 10^{-4} Pa, Restgas enthält Treibmitteldämpfe)

3. Drehschieberpumpe — Quecksilberdiffusionspumpe — Tiefkühlfalle — Rezipient. (Kleinere Laboranlagen, Enddruck $10^{-4} \dots 10^{-5}$ Pa, Restgas enthält nur noch wenig Kohlenwasserstoffe)

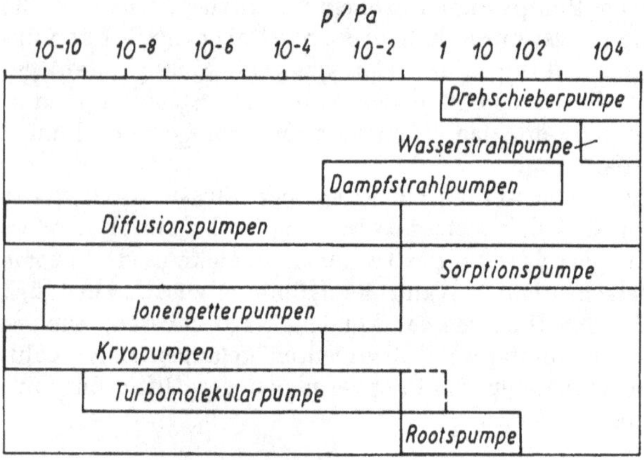

Abb. 3.73. Arbeitsbereiche von Vakuumpumpen

4. Sorptionspumpe — Sublimationspumpe — Ionengetterpumpe — Rezipient. (Kleinere Anlagen mit geringem Gasanfall, treibmitteldampffreies Vakuum, Enddruck unter 10^{-4} Pa)

5. Drehschieberpumpe — Diffusionspumpe — Baffle — Rezipient mit Kryopumpe. (Anlagen verschiedener Größen mit Enddruckwerten unter 10^{-5} Pa, treibmitteldampffreies Vakuum).

3.8.8. Verbindung von Vakuumbauelementen

Vakuumbauelemente lassen sich beweglich durch Schläuche, die auf Oliven straff aufgezogen werden, verbinden. Die Schläuche müssen, damit sie vom Luftdruck nicht zusammengepreßt werden, dickwandig sein (Vakuumschlauch) oder im Inneren durch Schraubenfedern gestützt werden. Um die Gasabgabe gering zu halten, bemüht man sich um kurze Schläuche. Eine geringe Gasabgabe besitzen die Verbindungen mit Metall-

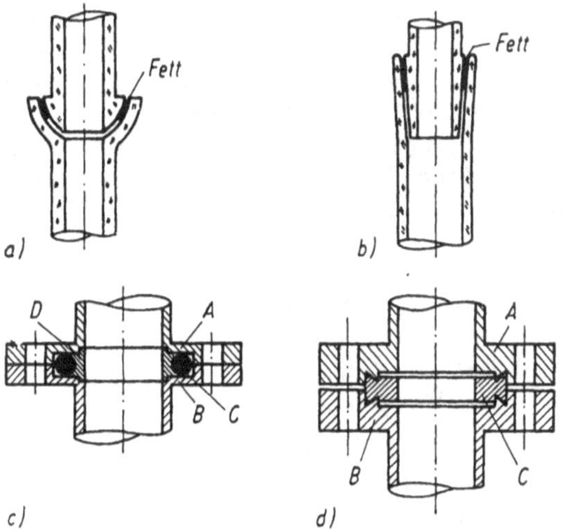

Abb. 3.74. a) Kugelschliffverbindung, b) Kegelschliffverbindung (genormte Steigung: 1:10), c) Flanschverbindung mit Gummidichtung (A und B = Flansche, C = 0-Ring-Dichtung, D = metallischer Tragring), d) Conflat-Verbindung (A und B = Flansche mit Schneide, C = Kupferdichtring)

Um bei den Schliffverbindungen zu vermeiden, daß Fettdämpfe in großem Umfang in den Rezipienten gelangen, läßt man den glasklaren (d. h. blasen- und schlierenfreien) Fettfilm nicht bis an die Vakuumseite herankommen. Der dünne Spalt zwischen den beiden Schliffen stellt für die Fettdämpfe einen hohen Strömungswiderstand dar, so daß die Fettdampfeinströmung in das Vakuum nur gering ist.

faltenbälgen (meist Tombak). Diese müssen auf entsprechende Anschlußstutzen der Bauelemente vakuumdicht aufgelötet werden.

Bei Glasanlagen werden starre Verbindungen durch sog. Schliffe — konisch oder ballig geschliffene, genau zueinander passende Glasteile, die mit Spezialfett gedichtet werden — erzeugt. Diese Verbindungen sind relativ leicht demontierbar. Die zum Dichten benutzten Spezialfette müssen schlierenfrei den extrem dünnen Zwischenraum zwischen den beiden Schliffteilen ausfüllen. Ihr Dampfdruck ist sehr klein.

Metallteile können starr, aber demontierbar durch Flansche miteinander verbunden werden. Als Dichtungsmaterial kommen Gummi (große Gasabgabe, ausheizbar bis maximal 100°C) oder andere Elastomere (z. B. Viton: weniger gasend, ausheizbar bis 200°C) oder Metalle (Cu, Ag, Au, Al) in Frage. Bei Metalldichtungen muß der Anpreßdruck der Flansche so hoch sein, daß die Metalldichtung in feinste Rillen, Poren oder Riefen der Flanschoberfläche fließt. Abb. 3.74 zeigt einige mögliche Schliff- und Flanschverbindungen schematisch.

3.8.9. Technologien zum Erzeugen von Hoch-, Ultrahoch- und treibmitteldampffreiem Vakuum

Hochvakuum kann man durch die im Abschnitt 3.8.7. genannten Pumpenkombinationen 1, 2, 3, 4 und 5 erreichen. Besondere Vorkehrungen sind nicht erforderlich. Bei entsprechender Dimensionierung der Pumpen kann man auch Bauelemente mit relativ hoher Gasabgabe im Rezipienten noch verwenden.

Ultrahochvakuum wird meist mit den Pumpenkombinationen 1, 3, 4 und 5 erzeugt. Zum Herabsetzen der Gasabgabe des Rezipienten und seiner Einbauten muß dabei der Rezipient ausheizbar sein. Gummidichtungen sind nicht mehr zu verwenden. Vitondichtungen erlauben ein Ausheizen bis 200°C (200°C-Technologie). Dadurch kann man Druckwerte im 10^{-6} Pa-Bereich erwarten.

Noch kleinere Drücke kann man mit den gleichen Pumpenkombinationen erzielen, wenn man die Gasabgabe des Rezipienten durch Heizen bis zu wesentlich höheren Temperaturen (400°C···500°C) noch weiter senkt. Elastomerdichtungen sind dafür ungeeignet. Man kann nur Metalldichtungen oder vollkommen verschweißte Anlagen benutzen. Durch spezielle Oberflächenbehandlungsverfahren (Abglimmen der Oberflächen) kann man auf das Ausheizen der Rezipientenwände von UHV-Anlagen verzichten. Dies hat Bedeutung bei Großanlagen, die sich infolge ihrer Größe nicht mehr ausheizen lassen. Will man nicht extrem kleine Drücke, sondern nur treibmitteldampffreies Vakuum, dann genügen die Pumpenkombinationen 4 oder 5 ohne Ausheizen des Rezipienten.

3.9. Lecksuche

3.9.1. Dichtheitsproben, Bestimmen der Leckrate

Gasquellen, von denen Gas in die Apparatur einströmen kann, werden üblicherweise als *Lecks* bezeichnet. Spalte, Poren, Risse und dergleichen, durch die Gas aus der Atmosphäre in die Vakuumanlage eindringt, sind die *reellen Lecks*. Gasquellen innerhalb der Vakuumanlage (Desorption oder Gasabgabe von inneren Wänden, Gas- oder Dampfquellen im Rezipienten, Gasabgabe bei technologischen Prozessen, Gasrückströmung aus den Pumpen) sind *virtuelle* (*scheinbare*) *Lecks*. Die Aufgabe einer Dichtheitsprobe ist, festzustellen, ob an der Anlage reelle Lecks vorhanden sind. Werden diese festgestellt, muß das Leck durch die Lecksuche lokalisiert und anschließend durch Nacharbeiten oder Auswechseln des defekten Bauelementes beseitigt werden.

Die durch ein Leck einströmende Gasstromstärke wird als Leckrate I bezeichnet und in Pa m^3 s^{-1} gemessen. Bei einer Leckrate von 1 Pa m^3 s^{-1} steigt in einem Volumen von 1 m^3 der Druck um 1 Pa je Sekunde an. Zu den wichtigsten Verfahren der Dichtheitsprobe gehören:

Abpumpverfahren mit direkter Gasstrommessung:

Der Rezipient wird über eine Drehschieberpumpe evakuiert. Nach Erreichen des stationären Enddruckes ($dp/dt = 0$) wird an die Auspuffseite der Pumpe eine Gasuhr angeschlossen, die das auf Atmosphärendruck komprimierte Gasvolumen mißt:

$$I = \Delta Q/\Delta t = p_{\mathrm{Atm}} \cdot \frac{\Delta V}{\Delta t}. \tag{3.133}$$

Abpumpverfahren mit indirekter Gasstrommessung:

Der Prüfling wird mit einer Drehschieberpumpe evakuiert. Der stationäre Enddruck wird sowohl mit (p) als auch ohne Prüfling (p_0) bestimmt. Die Leckrate ermittelt man bei bekannter Abhängigkeit $S(p)$ aus der Beziehung

$$I = (p - p_0)\, S(p). \tag{3.134}$$

Leckratenmessung mit der Druckanstiegsmethode:

Der Prüfling, in dem man den Druck messen kann, wird evakuiert und von der Pumpe abgetrennt. Unmittelbar nach dem Schließen des Absperrventils bewirken die virtuellen Lecks einen starken Druckanstieg. Nach Einstellen eines Druckgleichgewichtes würde die Druck-Zeit-Kurve in eine Parallele einmünden, wenn keine reellen Lecks vorhanden wären. Reelle Lecks verursachen einen weiteren zeitproportionalen Druckanstieg (Abb. 3.75). Dieser lineare Teil der $p(t)$-Kurve kann zur Berechnung der Leckrate herangezogen werden:

$$\mathrm{I} = \mathrm{V}\Delta \mathrm{p}/\Delta \mathrm{t}. \tag{3.135}$$

Hierbei ist V das Volumen des Prüflings. Man kann es ermitteln, indem man in den evakuierten Prüfling Gas über eine Gasuhr einströmen läßt. Dämpfe von verdampfenden Substanzen, die oftmals den Hauptanteil virtueller Leckströme liefern, können durch Zwischenschalten einer Sorptions- oder Kühlfalle zwischen Prüfling und Druckmeßgerät eliminiert werden. Man braucht dann nicht erst abzuwarten, bis sich ein Gleichgewichtszustand bei den virtuellen Lecks eingestellt hat, sondern kann sofort nach der Abtrennung des Prüflings von der Pumpe mit Hilfe der Druckanstiegsmessung die Leckrate ermitteln.

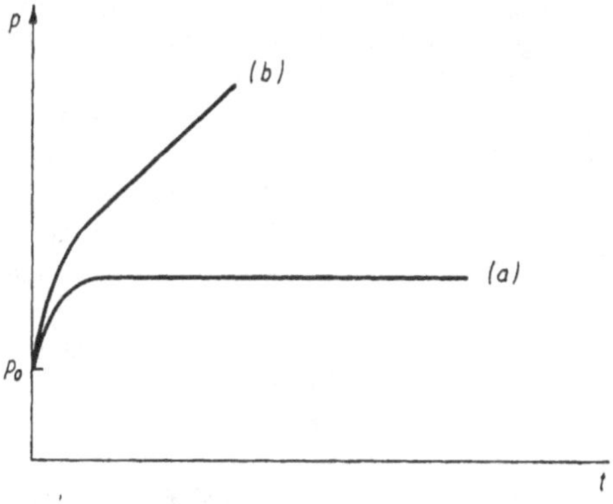

Abb. 3.75. Druck-Zeit-Verlauf in einem Rezipienten nach dem Abtrennen von der Pumpe (t = 0),
a) dichter Rezipient, b) Rezipient mit einem reellen Leck

3.9.2. Überdrucklecksuche

Überschreitet die Leckrate ein zulässiges Maß, muß das Leck lokalisiert werden.

Bei den Überdrucklecksuchmethoden wird dazu der Prüfling mit einer Druckgasquelle verbunden und in ein Wasserbad getaucht (bei kleinen Volumina) oder mit einem Schaumbildner bestrichen (große Volumina). An den Stellen, die Lecks enthalten, entstehen Blasen oder Schaum. Der Prüfling darf erst mit der Flüssigkeit in Berührung kommen, wenn der Innendruck hergestellt ist, da andernfalls die Flüssigkeit Porenlecks verschließen kann. Die Kapillarkräfte sind dann oftmals so groß, daß der Innendruck nicht ausreicht, die Poren wieder zu öffnen.

Bei Verwendung von Ammoniak als Füllgas (Korrosionsgefahr!) kann man die Oberfläche mit (angefeuchtetem) Ozalidpapier (= Lichtpauspapier) bedecken. An Lecks tritt eine Verfärbung des Papiers ein. Die Empfindlichkeit kann durch Erhöhen der Einwirkungsdauer wesentlich erhöht werden.

Gibt man als Testgas Helium in den Prüfling, dann kann man mit einem Helium-Leckschnüffler Lecks ausfindig machen. Ein Helium-Leckschnüffler besteht aus einem Porenleck, das über eine flexible Vakuumleitung mit dem Gaseinlaß eines auf Helium fest eingestellten Massenspektrometers verbunden ist. Das aus dem Leck austretende Helium wird durch das Massenspektrometer angezeigt. Bei diesem Verfahren ist es nicht erforderlich, mit reinem Helium zu arbeiten. Man kann vielmehr ein leicht kondensierbares Gas, z. B. CO_2 benutzen, das von einer Kühlfalle, die sich in der Zuleitung zur Ionenquelle befindet, ausgefroren wird. Diesem Gas werden einige Prozent Helium zugefügt.

Nimmt man Dichlordifluormethan CCl_2F_2 (Handelsnamen: Freon, Frigen, in der DDR: Fridohna) als Testgas, dann kann man einen Halogenleckschnüffler zur Lecksuche einsetzen. Bei diesem wird durch eine kleine Zentrifugalpumpe Luft angesaugt und über eine spezielle Diode geblasen. Diese Diode reagiert empfindlich auf halogenhaltige Gase (Rice-Effekt). Von Vorteil ist hier, daß nicht eine zusätzliche Vakuumanlage benötigt wird.

Die Verwendung von Überdrucklecksuchverfahren ist nicht problemlos. Einerseits wird der Prüfling in umgekehrter Weise belastet als beim Normalbetrieb. Dadurch können z. B. Lecks bei der Prüfung geschlossen werden, die im Normalbetrieb (Prüfling evakuiert) offen sind. Andererseits muß man strenge Sicherheitsbestimmungen beachten (in der DDR: ASAO 840/1).

3.9.3. *Lecksuche mit Massenspektrometern und Halogenlecksucher*

Für Zwecke der Lecksuche wurden besonders kleine empfindliche Massenspektrometer entwickelt. Vorzugsweise werden Massenspektrometer mit 180°-Ablenkung benutzt, es sind jedoch auch Lecksucher mit anderen Massenspektrometertypen bekannt. Da die Geräte vor-

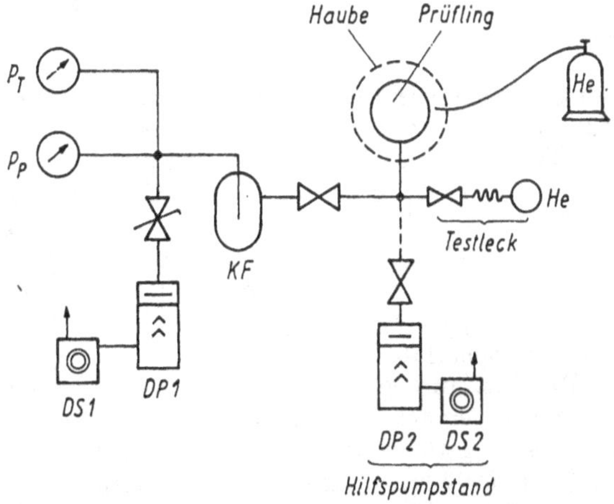

Abb. 3.76. Prinzip eines Lecksuchmassenspektrometers mit Hilfspumpstand für große Prüflinge, p_T = Totaldruckmesser, p_P = Partialdruckmesser, DS1 und DS2 = Drehschieberpumpen, DP1 und DP2 = Diffusionspumpen, KF = Kühlfalle

zugsweise Helium nachweisen sollen, werden keine besonderen Anforderungen an das Auflösungsvermögen gestellt. Es wird nur eine hohe Partialdruckempfindlichkeit für das Testgas (Helium) gefordert. Durch einen kleinen Pumpstand (Abb. 3.76) wird das Massenspektrometer evakuiert. Die Ionenquelle wird über eine Tiefkühlfalle und ein Einlaßventil mit dem Prüfling verbunden. Die Kühlfalle verhindert, daß kondensierbare

Dämpfe in das Massenspektrometer gelangen und dort störende Verunreinigungen (Kontamination) an den Isolatoren und Elektroden verursachen. Mit einem Kaltkatoden-Ionisationsmanometer wird der Totaldruck im Massenspektrometer kontrolliert. Bei Gaseinbrüchen oder Fehlbedienungen, die zu einem starken Druckanstieg führen, wird die Katode der Ionenquelle abgeschaltet. Mit einem Drosselventil in der Leitung zwischen Massenspektrometer und Pumpe wird das optimale Saugvermögen eingestellt. Dadurch lassen sich der Testgaspartialdruck erhöhen und kleinere Testgasströme nachweisen.

Oft — insbesondere bei Prüflingen mit großem Volumen und großen Lecks — reicht das Saugvermögen des Lecksuchers nicht aus, um den Prüfling zu evakuieren. Dann wird neben dem Lecksucher noch ein Hilfspumpstand benötigt. Mit dessen Hilfe wird zunächst der Prüfling evakuiert. Dann stellt man durch Variation der Saugvermögen von Lecksucher und Hilfspumpstand die gesamte Anordnung so ein, daß ein möglichst großer Gasstrom durch den Lecksucher fließt.

In der Regel ist an dem Massenspektrometer noch ein *Heliumtestleck* angebracht. Dieses hat zwei Funktionen: Mit Hilfe dieses Testlecks wird das Massenspektrometer genau auf die Heliumlinie eingestellt. Weiterhin wird es benötigt, um die Empfindlichkeit der Anordnung in dem vorliegenden Fall zu bestimmen. Diese hängt von den eingestellten Werten des Saugvermögens ab.

Das Heliumtestleck ist ein kleiner mit Helium gefüllter Behälter, der über lange Zeiten hinweg einen außerordentlich kleinen, aber genau definierten Heliumstrom abgibt.

Hat der Prüfling viele kleine Lecks, dann überzieht man den Prüfling zunächst mit einer Haube, in die man das Testgas — Helium — gibt (*Haubentest*). Ist erwiesen, daß der Prüfling Undichtheiten hat, dann werden die Lecks gesucht, indem man nach dem Entfernen der Haube den Prüfling mit einem feinen Testgasstrahl absprüht.

Trifft er auf Lecks, registriert das Massenspektrometer einen Anstieg des Heliumpartialdruckes.

Auf ähnliche Weise kann man mit dem *Platin-Halogen-Lecksucher* Lecks ermitteln (Abb. 3.77). Dieser besteht aus einer Diode, bei der die Anode mit Hilfe eines Pt-Drahtes geheizt wird, während die Katode kalt bleibt. Die Anode emittiert positive Alkaliionen, die zur Katode fliegen und in einem äußeren Stromkreis mit einem Mikroamperemeter oder einem Verstärker nachgewiesen werden kön-

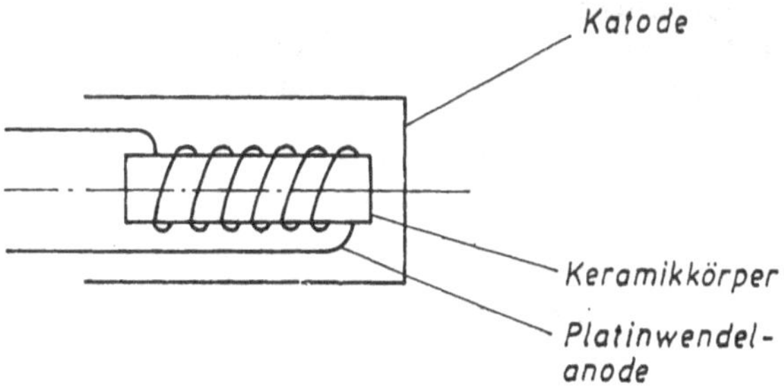

Abb. 3.77. Platin-Halogen-Lecksucher. Elektrodensystem der Meßröhre

nen. Die Alkaliionenemission glühender Metalle ist schon lange bekannt (LANGMUIR 1923), ebenso die Oberflächenionisation, bei der die auf eine glühende Metalloberfläche auftreffenden Alkaliatome ionisiert werden. Bei dieser wird der Ionisationsgrad durch die SAHA-LANGMUIR-Gleichung beschrieben. Der Ionenstrom ist nahezu unabhängig vom Totaldruck, aber er wird deutlich vergrößert, wenn Spuren halogenhaltiger Gase in der Nähe der Anode sind. Dieser Anstieg des Ionenstromes bei Anwesenheit halogenhaltiger Gase wurde 1944 von RICE entdeckt und zur Lecksuche ausgenutzt. Da der RICE-*Effekt* unabhängig vom Totaldruck ist, benötigt man keine niedrigen Drücke in der Lecksuchdiode. Im einfachsten Fall montiert man diese in die Verbindungsleitung zwischen Prüfling und Vorpumpe. Am Prüfling bringt man noch ein Testleck an, durch das man Testgas mit einer definierten Leckrate geben kann, um die Empfindlichkeit zu überprüfen oder zu optimieren.

3.9.4. Einsatz von Totaldruckmeßgeräten zur Lecksuche

Da Lecksuchmassenspektrometer des hohen Preises wegen nicht immer angeschafft werden können, wurden zahlreiche nichtkommerzielle Lecksuchverfahren entwickelt. Dazu eignen sich Totaldruckmeßgeräte, die eine gasspezifische Druckanzeige besitzen. Ionisationsmanometer ändern sprunghaft ihre Anzeige, wenn durch ein Leck organische Dämpfe (z. B. Alkohol, Aceton oder Äther) oder Wasserstoff eindringen (Brand- bzw. Explosionsgefahr beachten!).

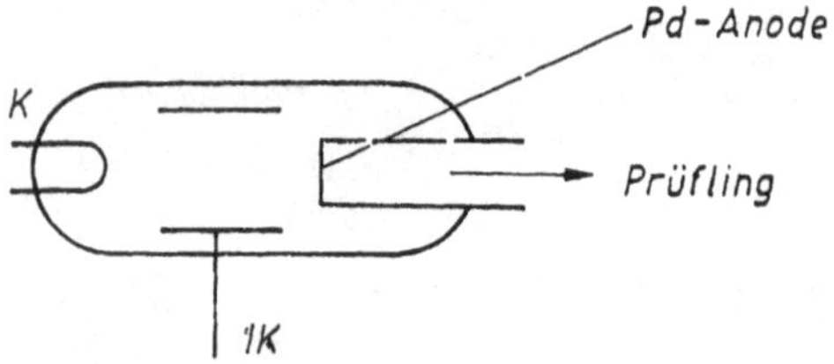

Abb. 3.78. Palladium-Wasserstoff-Lecksucher, Meßröhre, K = Katode, IK = Ionenkollektor

Wärmeleitungsmanometer liefern eine besonders hohe Druckanzeige, wenn Wasserstoff die Hauptgaskomponente ist.

Um von Druckschwankungen im Prüfling unabhängig zu werden, verwendet man z. B. Glühkatoden-Ionisationsmanometer mit selektiv durchlässiger Wand. Gemäß Abb. 3.78 besteht bei diesem Ionisationsmanometer die Anode aus Palladium, das bei dem normalen Ionisationsmanometerbetrieb durch Wärmestrahlung von der Katode und durch Elektronenbombardement aufgeheizt wird. Das Ionisationsmanometer wurde evakuiert. Nach dem Evakuieren und sorgfältigen Entgasen aller Teile wurde es von dem Pumpstand abgetrennt. Mit der Palladiumanode wird es an den Prüfling angeschlossen, der mit Wasserstoff abgesprüht wird. Bei Anwesenheit eines Lecks dringt der Wasserstoff in den Prüfling und durch die Palladiumanode in das Ionisationsmanometer. Dort registriert man einen Druckanstieg. Durch Anschließen der Pd-Anode an eine Hochvakuumanlage kann man auf die gleiche Weise den Wasserstoff wieder aus dem Ionisationsmanometer entfernen. Anstelle des Systems Palladium-Wasserstoff kann man auch das System Quarz-Helium benutzen.

Tabelle 3.9
Eigenschaften von Lecksuchverfahren

Verfahren	ungefährer Druckbereich/Pa	kleinste nachweisb. Leckrate in Pa m^3 s^{-1}	Rate-messung ja/nein	Testgas
Massenspektrometer	10^{-1}	10^{-13}	ja	He
Halogenlecksucher	$10^{-4} \cdots 10^{5}$	10^{-7}		CF_2Cl_2
Pd – H_2-Verfahren + Ionis.-Man.	50	10^{-9}		H_2
He – Quarz-Verf. + IM + Ionen-gett.-Pumpe		10^{-11}		He
Wärmeleitungs-manometer, Differenzschaltung mit Sorptionsfalle	$10^{-3} \cdots 10^{2}$	10^{-7}		Butan, Acetylen

Neben Glühkatoden-Ionisationsmanometern sind auch Anordnungen mit Kaltkatoden-Ionisationsmanometern und mit Wärmeleitungsmanometern bekannt geworden. Druckschwankungen im Prüfling gleicht man bei diesen Geräten durch geeignete Brückenschaltungen mit zwei gleichen Totaldruckmeßgeräten aus.

Einen Überblick über die Leistungsfähigkeit der kommerziellen Lecksuchverfahren vermittelt Tab. 3.9.

4. Erzeugung und Messung hoher Drücke

4.1. Vorbemerkungen

In der Hochdrucktechnik interessiert man sich für Drücke, die viel größer als 10^5 Pa sind.

Einseitig wirkende hohe Drücke kann man mit mechanischen Vorrichtungen, z. B. Pressen, erzeugen. Sie finden in der Umformtechnik (Pressen, Drücken, Ziehen von Material) eine wichtige technische Anwendung. Die obere Druckgrenze wird durch das Material, aus dem die Druck erzeugende Vorrichtung hergestellt wurde, und dessen Dimensionierung festgelegt. Wirken einseitige Drücke auf einen Kristall, dann können diese eine Verformung und Umwandlung des Kristalls zur Folge haben.

Hydrostatische Drücke wirken, wie man es von Gasen und Flüssigkeiten kennt, allseitig gleichmäßig. Bei der Kompression von Gasen wird der Maximaldruck durch die Größe des Volumens, in dem das Gas komprimiert wird, bestimmt, da von diesem die im Gas gespeicherte Energie abhängt. Bei großen Volumina ($V > 1\ m^3$) stellen Druckwerte von $10^7 \cdots 10^8$ Pa bereits sehr hohe Anforderungen an die Behälter und die Kompressoren. Bei kleinen Volumina ($V \leqq 10\ cm^3$) wird dieser Druckbereich hinreichend gut beherrscht. Derart hohe Gasdrükke finden Anwendung in der chemischen Industrie zur Durchführung chemischer Reaktionen. Ihre Erzeugung wird durch die Leistungsfähigkeit der Kompressoren und die Eigenschaften der Anlagen (Wandstärke und Material der Reaktionsgefäße) begrenzt. In der Regel sind hier umfangreiche Sicherheitsmaßnahmen zu beachten.

In kleinen Volumina werden hohe Drücke vorwiegend für Forschungszwecke erzeugt. Bei Gasen untersucht man z. B. die kritischen Daten (p_{kr}, V_{kr}, T_{kr}), die in Kap. 3.1. bereits erläutert wurden.

Werden Festkörper unter sehr hohen Druck gesetzt, dann können sie ihre physikalischen Eigenschaften, die durch die Wechselwirkung der Atome und Elektronen im Gitter bestimmt werden, ändern. Beispielsweise kann

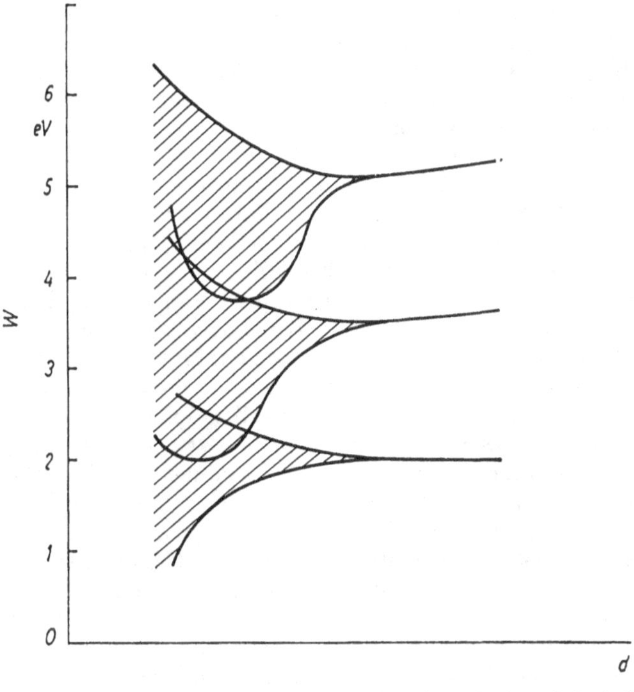

Abb. 4.1. Energieniveaus in einem Kristall als Funktion der Atomabstände d (schematisch)

durch sehr hohen Druck der mittlere Abstand zwischen den Gitterbausteinen (Atomen oder Ionen) verkleinert werden. In Abb. 4.1 sind die Energieniveaus der Elektronen im Festkörper schematisch dargestellt. Bei großem Abstand der Atome hat man eine geringe Wechselwirkung zwischen den Atomen. Die Energieniveaus der

Elektronen sind scharf und entsprechen annähernd denen der freien isolierten Atome. Der Festkörper hat Isolatorcharakter. Durch Annäherung der Atome erhöht sich die Wechselwirkung. Die Energieniveaus verbreitern sich dadurch allmählich. Je nachdem, wie groß der Abstand zwischen den Bändern ist, und ob diese Bänder mit Elektronen gefüllt sind oder nicht, erscheint uns der feste Körper als Isolator, Halbleiter oder Leiter. Eine derartige Umwandlung kann sich beim festen Körper vollziehen, wenn extrem hohe Drücke auf ihn einwirken. Da die chemischen Eigenschaften von der äußeren Elektronenschale bestimmt werden, können sich diese ebenfalls unter der Einwirkung von hohen Drücken ändern. Vergrößert man den Druck immer mehr, dann verlieren die Kerne ihre individuellen Elektronenhüllen, wenn sich alle Energiebänder überlappen. Man spricht dann von einem „kalten Plasma“. Bei einigen astronomischen Objekten wird ein solcher Zustand der Materie vermutet.

Nicht nur die elektrischen und chemischen Eigenschaften, sondern auch die kristallographischen Eigenschaften eines Festkörpers können unter der Einwirkung eines allseitig wirkenden Druckes verändert werden. Die Substanzen können dann eine Phasenumwandlung von einem Gittertyp zu einem anderen zeigen. Ein Beispiel hierfür ist Kohlenstoff, von dem drei Modifikationen bekannt sind: die amorphe (Ruß), die hexagonal kristallisierte (Graphit) und die kubisch kristallisierte Phase (Diamant). Die letztgenannte Phase ist nur bei sehr hohem Druck stabil, bei normalem Druck hingegen instabil. Die Umwandlungszeit dieser Phase ist allerdings so groß, daß wir diese Phase als stabil ansehen können. Mit Hilfe der Hochdrucktechnik ist man in der Lage, kleine Diamanten zu züchten. Derartige Diamanten haben für die Werkzeugindustrie eine große Bedeutung, weil sie diesen Industriezweig von natürlichen Rohstoffquellen unabhängig machen.

Die Wärmeleitung in dielektrischen Substanzen, die keine freien Ladungsträger haben, erfolgt durch die kollektive Anregung des Kristallgitters, die sog. Phononen. Außer einem Streuprozeß von Phononen an Phononen gibt es auch Streuprozesse von Phononen an den Kristallgrenzen und an Gitterfehlstellen. Infolgedessen kann man ihnen eine mittlere freie Weglänge Λ_{Ph} zuordnen. Sind v die Gruppengeschwindigkeit der Phononen und c die spezifische Wärmekapazität der Gitterschwingungen je Volumeneinheit, so kann man, wenn die Begriffe der kinetischen Gastheorie auf das Phononengas übertragen werden, für die Wärmeleitfähigkeit infolge der Gitterschwingungen schreiben

$$\lambda = cv\Lambda_{\mathrm{Ph}}/3\,. \tag{4.1}$$

Durch wachsenden Druck ändert sich die Gitterstruktur und damit das Phononenspektrum. Diese Änderung findet ihren Ausdruck sowohl in der Änderung der mittleren freien Weglänge der Phononen als auch in der Änderung der spezifischen Wärmekapazität je Volumeneinheit. Je nach dem Temperaturbereich, in dem man die spezifische Wärmeleitfähigkeit untersucht, kann man infolgedessen mit wachsendem Druck eine Ab- oder Zunahme der spezifischen Wärmeleitfähigkeit beobachten.

4.2. Erzeugung hoher Drücke mit flüssigen Druckübertragern

Um allseitig wirkende Drücke zu erzeugen, liegt es nahe, die Eigenschaften von Flüssigkeiten auszunutzen. Da oberhalb von $3 \cdot 10^9$ Pa alle zur Druckübertragung in Frage kommenden Flüssigkeiten fest werden, ist dieses Verfahren auf $3 \cdot 10^9$ Pa begrenzt. In Abb. 4.2 ist das Prinzip einer Ventilpresse gezeigt, die wie eine Druckpumpe arbeitet. Aus dem Vorratsgefäß B wird mittels eines gut eingeschliffenen Kolbens K die Übertragungsflüssigkeit (Quecksilber oder Öl) gesaugt. Beim Niedergehen des Kolbens schließt das Ventil V1 und das

Ventil V 2 öffnet. Alle Teile bestehen aus bestem Stahl mit hohem Elastizitätsmodul und hoher Festigkeit. Vorteilhaft ist bei diesem Prinzip, daß laufend Flüssigkeit nachgeholt werden kann, so daß auch größere Versuchsgefäße unter Druck gesetzt werden können. Das Verfahren ist auf Druckwerte von $2 \cdot 10^8$ Pa bis $5 \cdot 10^8$ Pa beschränkt.

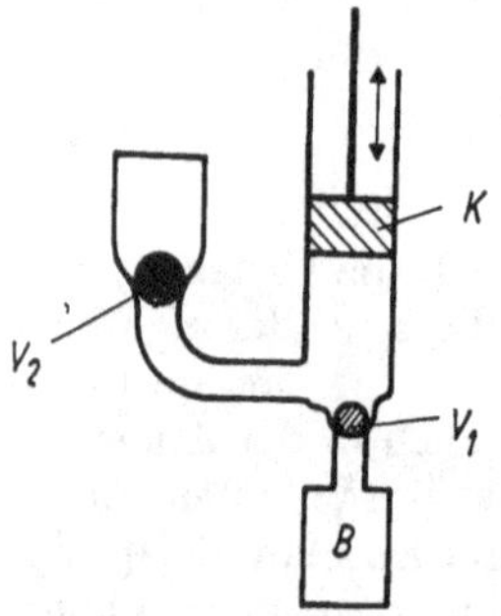

Abb. 4.2. Ventilpresse, V_1, V_2 = Ventile, K = Kolben, B = Vorratsbehälter für Übertragerflüssigkeit

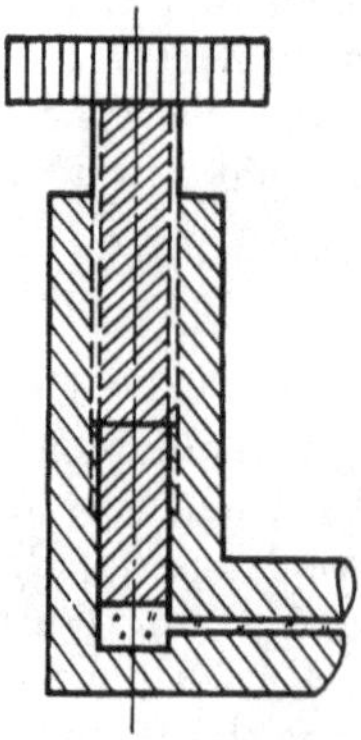

Abb. 4.3. Druckschraube

Bei der in Abb. 4.3 gezeigten Druckschraube ist der Vorteil des ständigen Nachholens von Flüssigkeiten nicht mehr vorhanden. Die Kompression wird dadurch erreicht, daß der Kompressionsraum durch einen gut abgedichteten Kolben verkleinert wird, wobei das Kompressionsverhältnis bzw. das Endvolumen durch eine Spindel genau eingestellt werden kann.

Durch die Kombination von Druckschraube und Ventilpresse versucht man, die Vorteile beider Verfahren zu vereinigen. Der obere Grenzdruck dieser Anordnung liegt bei $5 \cdot 10^8$ Pa. Auch hier sind die entsprechenden Materialeigenschaften von Kolben, Gehäuse und Ventilteilen Voraussetzung für die Erreichung dieses hohen

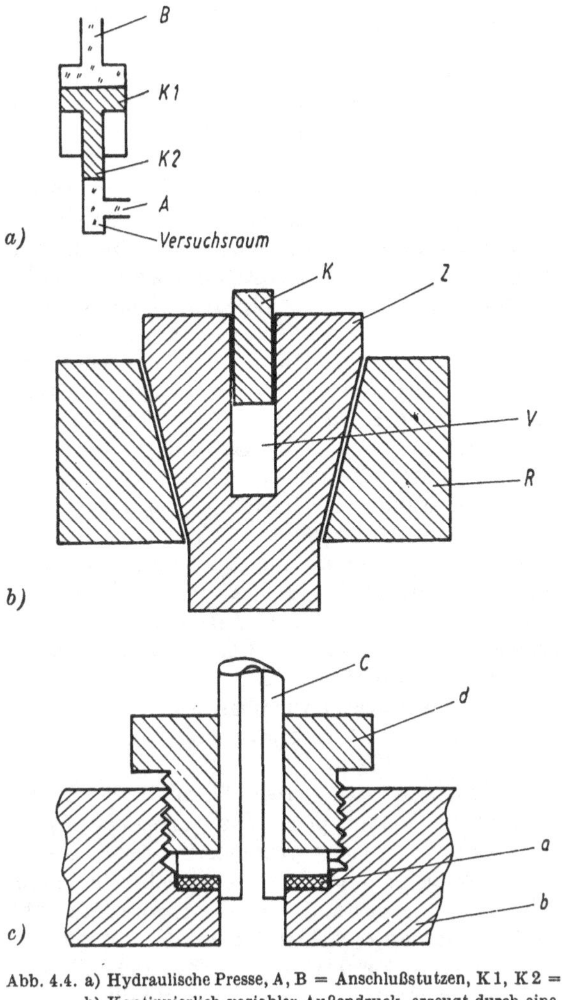

Abb. 4.4. a) Hydraulische Presse, A, B = Anschlußstutzen, K1, K2 = Kolben.
b) Kontinuierlich variabler Außendruck, erzeugt durch eine konische Lagerung (BRIDGMAN),
V = Kompressionsvolumen, Z = Zylinder mit konischer Außenwand Ring mit Gegenkonus, K = Kolben
c) Hochdruckrohrverbindung nach AMAGAT,
(a) Packung, (b) und (c) zu verbindende Rohre, (d) Mutter mit Außengewinde

Druckwertes. Außerdem müssen die Überträgerflüssigkeiten völlig frei von Gasblasen sein, weil jede Gasblase infolge ihrer Kompressibilität das Erreichen von so hohen Drücken verhindert.

Mit der in Abb. 4.4a dargestellten hydraulischen Presse kann man höhere Drücke erreichen. Über den Stutzen A wird im Versuchsraum mittels einer Ventilpresse ein bestimmter Vordruck eingestellt. Anschließend verbindet man den Stutzen B mit der Ventilpresse. Dabei wird der Doppelkolben K1/K2 in den Hochdruckraum gepreßt. Er kommt erst dann zum Stillstand, wenn der Druck im Hochdruckraum gleich dem am Stutzen B, multipliziert mit dem Verhältnis K1/K2 ist. Mit einer derartigen Anordnung kann man Drücke bis zu $3 \cdot 10^9$ Pa erzeugen.

Die Zylinderwände müssen die durch den hohen Innendruck erzeugten Tangential-, Radial- und Längsspannungen aufnehmen. Sie beginnen u. U., sich zu dehnen. Werden bestimmte, materialabhängige Grenzwerte überschritten, reißen auch beliebig dickwandige Rohre von innen her schichtweise auf. Zur Erzeugung möglichst hoher Drücke verwendet man deshalb Spezialwerkstoffe mit günstigen Eigenschaften, z. B. Carbaloy oder Widia. Diese Materialien sind bei normalem Druck spröde und hart. Oberhalb von $2 \cdot 10^9$ Pa beginnen sie, sich plastisch zu verformen.

Um das Dehnen der Zylinderwände, durch das infolge des wachsenden Kolbenspiels das Erreichen hoher Drücke in Frage gestellt ist, zu verhindern, setzt man auch die Außenwand des Zylinders unter Druck. Dies kann z. B. dadurch geschehen, daß man Rohre aufschrumpft. Durch Aufschrumpfen einzelner Ringe am Anfang und Ende des Zylinders kann man die Spannungen längs des Zylinders gleichmäßig verteilen. Nachteilig ist bei diesem Verfahren, daß die äußere Vorspannung unabhängig vom Druck im Inneren des Zylinders ist.

Um die äußere Schrumpfspannung kontinuierlich an den Innendruck anzupassen, wurde von Bridgman das Prinzip des kontinuierlich variablen Außendrucks eingeführt. Gemäß Abb. 4.4b wird die Außenwand des Zylinders der hydraulischen Presse konisch gestaltet und in einen gut gehärteten Gegenkonus hineingepreßt. Mit wachsendem Stempeldruck wächst auch der Außendruck auf den Zylinder. Nimmt man den Stempeldruck weg, kann man den Zylinder aus dem gehärteten Konus herausnehmen. Ein geeignetes Schmiermittel zwischen beiden Konen verhindert das Festfressen der Konen.

Besondere Maßnahmen sind bei so hohen Drücken zu treffen, damit die Übertragungsflüssigkeit nicht durch die Dichtungsstellen herausgedrückt wird. Dazu wurden in der Hochdrucktechnik verschiedene Dichtungsarten entwickelt. Als Beispiel hierfür ist in Abb. 4.4c eine von Amagat entwickelte Hochdruckdichtung dargestellt. Die sog. Packung (a) ist vollständig von den beiden Rohren (b) und (c), die verbunden werden, umgeben. Durch die Schraube (d) ist sie unter Druck gesetzt worden. Sie wird undicht, wenn der Anlagendruck den ursprünglichen Anpreßdruck übersteigt.

4.3. Erzeugung hoher Drücke mit festen Druckübertragern

Da oberhalb von $3 \cdot 10^9$ Pa alle flüssigen Druckübertrager fest werden, sind sie oberhalb dieses Grenzwertes infolge der mechanischen Eigenschaften ihrer festen Phase nicht mehr zur Druckübertragung geeignet. Man verwendet dann in diesem Druckbereich feste Druckübertrager, die günstigere Eigenschaften für diesen Zweck besitzen. Als solche haben sich eingebürgert: Silberchlorid, Pyrophyllit und indianischer Pfeifenstein. Die letzten beiden Substanzen sind Naturprodukte. Pyrophyllit ist ein schichtiges Aluminiumhydrosilikat, das ähnliche Eigenschaften wie Talk (Magnesiumsilikat) hat. Der indianische Pfeifenstein ist ein toniges Gestein, das feinschuppigen Muskovit und Pyrophyllit enthält. Beide Materialien sind sehr weich. Sie lassen sich mechanisch gut bearbeiten und in gewünschte Formen bringen.

Während Metalle als Druckübertrager ungeeignet sind, weisen diese Substanzen die Eigenschaft auf, daß sie relativ hoch kompressibel sind.

Da der Druck durch die Übertragungsmedien nicht mehr ganz gleichmäßig nach allen Seiten übertragen wird, ist der Druckbereich über $3 \cdot 10^9$ Pa dadurch gekennzeichnet, daß man nur noch *quasihydrostatische Drücke* erzeugen kann.

In diesem Druckbereich ist die Auswahl der Materialien für die Druckkammer problematisch. Bei hohen Drücken beginnen alle Metalle zu fließen. Sie können deshalb

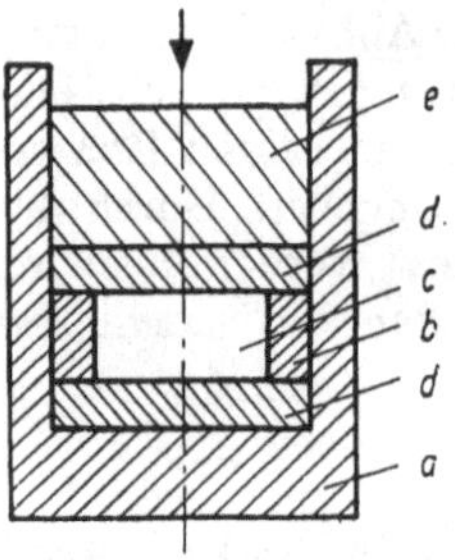

Abb. 4.5. Zweistempelapparatur mit festem Druckübertrager, a = Zylinder, b = Pyrophyllitring, c = Probe, d = Über- bzw. Unterschichtung der Probe mit Silberchlorid, e = Kolben

nicht mehr benutzt werden. Wesentlich härter ist Wolframkarbid. Aber auch dieses Material ist oberhalb von $5 \cdot 10^9$ Pa nicht ohne besondere Maßnahmen einzusetzen.

Als einfachste Möglichkeit, mit festen Druckübertragern hohe Drücke zu erzielen, bietet sich die Zweistempelapparatur an, die in Abb. 4.5 dargestellt ist.

Die Probe (c) ist von einem Ring aus Pyrophyllit (b) umgeben. Sie ist mit Silberchlorid (d) über- bzw. unterschichtet. Von oben wirkt ein Stempel auf diese Anordnung. Durch den auf diese Anordnung ausgeübten Druck werden die Druckübertrager elastisch verformt. Dadurch erhält man eine annähernd gleiche Verteilung des Druckes auf alle Seiten.

Eine bessere Verteilung des Druckes erhält man in der Vielstempelapparatur. Bei der in Abb. 4.6 dargestellten

8-Stempel-Apparatur (KAWAI und ENDO) ist das Kammervolumen nur ungefähr 0,1 cm^3 groß. Im Zentrum dieser Apparatur befindet sich die Druckkammer, ein kugelförmiger Grundkörper aus Wolframkarbid. Durch 3 senkrecht aufeinanderstehende Schnitte wurde er in 8 gleiche Segmente (a) unterteilt. Diese bilden 8 Stempel

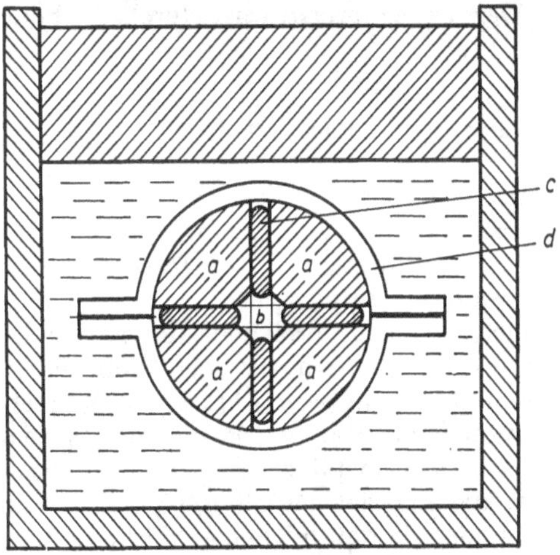

Abb. 4.6. 8-Stempel-Apparatur mit festem Druckübertrager, a = Stempel, b = Probenraum, c = Isoliermaterial, d = Gummihalbkugeln

der Presse. Die Spitzen der Segmente wurden so abgeschnitten, daß alle 8 Stempel einen oktaedrischen Hohlraum, den Probenraum (b), umschließen. Zwischen die Kugelsegmente wurden Scheiben aus weichem Isoliermaterial (c) gelegt. Die kugelförmige Anordnung von Druckstempeln wird in zwei Halbkugeln aus starkem Gummi (d) eingebettet und in eine Druckkammer mit Öl als Druckübertragungsmedium gesetzt. Wird der Öldruck der Kammer erhöht, so werden die Isolierscheiben zusammengedrückt und die Stempel zum Mittelpunkt der Kugel hin zusammengeschoben. Dadurch entsteht ein hoher und relativ homogener Druck in der Probenkammer.

Verhalten sich die Stempelflächen wie 1 : 1000, dann ergibt sich bei einem Öldruck von $3 \cdot 10^8$ Pa in der Kammer ein Druck von $2 \cdot 10^{11}$ Pa, obwohl man auf Grund des Flächenverhältnisses einen Druck von $3 \cdot 10^{11}$ Pa erwarten würde. Der Druckverlust wird durch Reibung verursacht.

4.4. Erzeugung hoher dynamischer Drücke

Um das elastische Verhalten eines Festkörpers bei hohen Drücken zu untersuchen, benötigt man hohe Drücke, die nur sehr kurzzeitig auf den Festkörper einwirken. Derartige hohe Druckimpulse kann man entweder durch Explosionen oder durch hohe Magnetimpulse erzeugen, wobei nichtmetallische Proben von einem Metallmantel umhüllt sein müssen. Durch den Magnetimpuls werden in einer metallischen Probe oder in dem Metallmantel einer nichtmetallischen Probe Wirbelströme induziert, die auf das Metall infolge ihrer abstoßenden Kräfte eine komprimierende Wirkung ausüben. Der Magnetimpuls wird durch eine Kondensatorentladung über eine (supraleitende) Magnetspule erzeugt.

Die modernste Methode, Druckimpulse zu erzeugen, ist die adiabatische Erwärmung kleinster Materialvolumina durch einen Laser-Impuls. Ehe sich die Umgebung dieses Materials erwärmt hat, kann man in diesem Material sehr hohe Drücke erzeugen.

4.5. Messung hoher Drücke

Zur Messung hoher Drücke kann man nicht den hydrostatischen Druck einer Flüssigkeitssäule benutzen. Die Säulen wären viel zu lang, die Geräte würden vollkommen unhandlich werden. Man geht deshalb dazu über, entweder die Kraftwirkung des Druckes zu messen oder elektrische Meßverfahren heranzuziehen. Beim Kolbenmanometer (Abb. 4.7) läßt man den Druck auf einen Kolben bekannten Querschnitts wirken. Den Kolben belastet man durch Gewichtsstücke so, daß Gleichgewicht herrscht. Des Prinzips wegen nennt man diese Art von Kolben-

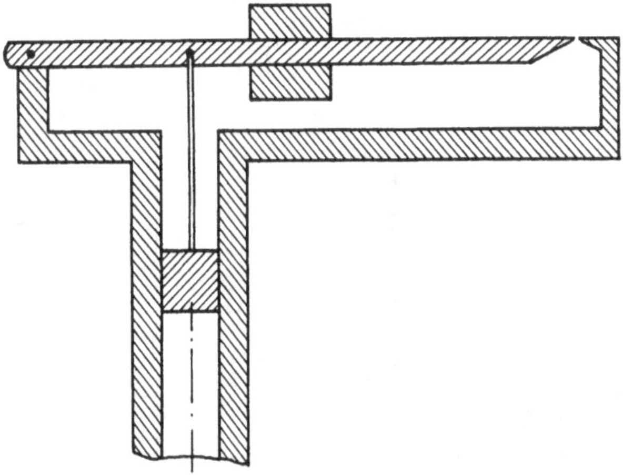

Abb. 4.7. Kolbenmanometer in Form einer Druckwaage

manometern auch Druckwaage. Bei der in Abb. 4.7 dargestellten Ausführungsform wirkt über einen Hebelarm veränderlicher Länge das Gewicht auf den Kolben. Durch Verschieben des Gewichtes auf dem Hebelarm wird ähnlich wie bei einer Dezimalwaage das Gleichgewicht hergestellt.

Damit zum Messen sehr hoher Drücke die Geräte nicht zu unhandlich oder die Kolbendurchmesser zu klein werden, benutzt man Differentialkolben (Abb. 4.8), die zwei verschiedene Durchmesser d_1 und d_2 und als wirksame Fläche die Differenz beider Kolbenquerschnitte, also $\pi/4(d_1^2 - d_2^2)$, besitzen. Die obere Druckmeßgrenze dieser Geräte liegt zwischen $5 \cdot 10^8$ Pa und $7 \cdot 10^8$ Pa.

Konstruktive Schwierigkeiten bereiten die Dichtung des Kolbens gegen den Zylinder und die elastische Verformung des Zylinders und des Kolbens. Beide Effekte begrenzen die Genauigkeit dieses Verfahrens. Von der Dichtung wird verlangt, daß sie fest an der Kolbenwand

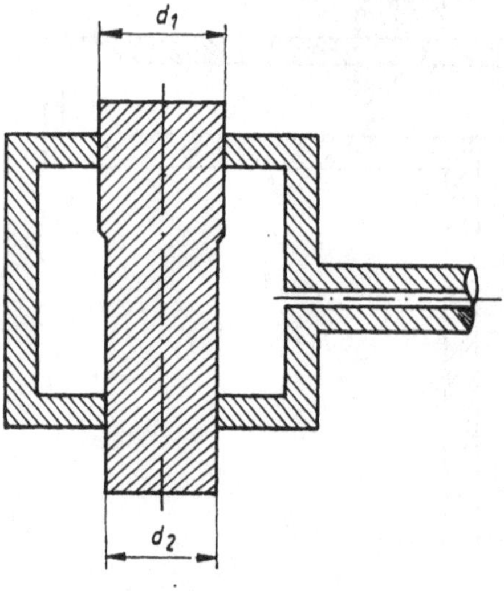

Abb. 4.8. Differentialkolben

anliegt, so daß kein Druckverlust durch austretende Flüssigkeit entstehen kann. Dadurch läßt sich die Reibung zwischen Kolben und Kolbenwand nicht vermeiden. Die dabei notwendigerweise entstehenden Meßfehler versucht man dadurch zu messen, daß man den Kolben rotieren läßt. Aus der Abklingzeit der Drehbewegung kann man Aussagen über die Reibung gewinnen. Mit einem hinreichend hohen Aufwand ist es möglich, eine Genauigkeit von $\Delta p/p \approx 1\%$ zu erzielen. Da derartige Geräte außerordentlich aufwendig sind, werden sie nur in Speziallabors für Kalibrierzwecke eingesetzt. Für praktische Belange begnügt man sich mit einfacheren Geräten oder Sekundärgeräten. Für weniger genaue Messungen im Hochdruckbereich eignen sich Röhrenfedermanometer (z. B. BOURDON-Rohre), wie sie bereits in Kap. 3.6.1. erwähnt wurden. Bei diesen ist ein Stahlrohr von elliptischem Querschnitt annähernd kreisförmig gebogen und an einem Ende verschlossen. Der Druck wird von der anderen (offenen) Seite auf das Rohr gegeben. Dadurch wird der Querschnitt etwas verformt und das Rohr aufgebogen. Diese Aufbiegung wird auf einen Zeiger übertragen und auf einer Skala angezeigt. Der Meßbereich derartiger Geräte kann bis zu $3 \cdot 10^8$ Pa ausgedehnt werden. Diese Geräte werden durch eine Druckwaage eingemessen. Man erreicht bei den besten Geräten dieser Art Genauigkeiten bis zu 0,1% des Skalenvollausschlages. Da sich die Materialeigenschaften im Laufe der Zeit bei hoher Belastung ändern, ist eine wiederholte Nachkalibrierung mit der Druckwaage nötig.

Wie bereits in Kap. 4.1. erwähnt, können sich unter der Einwirkung eines großen Druckes bei einem Festkörper nicht nur Länge und Querschnitt, sondern auch die elektrischen Eigenschaften, z. B. der spezifische elektrische Widerstand, ändern. Ist α_1 der Druckkoeffizient des spezifischen elektrischen Widerstandes, ϱ_0 der spezifische elektrische Widerstand beim Druck $p = 0$ und ϱ der spezifische elektrische Widerstand beim Druck p, dann gilt

$$\varrho = \varrho_0 (1 + \alpha_1 p). \tag{4.2}$$

Ist α_2 der Druckkoeffizient für die Länge und $2\alpha_2$ derjenige für den Querschnitt, dann gilt

$$l = l_0(1 - \alpha_2 p) \tag{4.3}$$

und

$$A = A_0(1 - 2\alpha_2 p). \tag{4.4}$$

Andererseits kann man, wenn α der Druckkoeffizient für den elektrischen Widerstand ist, schreiben

$$R = R_0(1 + \alpha p). \tag{4.5}$$

Aus (4.2) bis (4.4) folgt:

$$R = \varrho_0 \frac{l_0}{A_0} (1 + \alpha_1 p) \frac{(1 - \alpha_2 p)}{(1 - 2\alpha_2 p)}. \tag{4.6}$$

Nimmt man an, daß $\alpha_1 p$ und $2\alpha_2 p$ kleiner als 1 sind, und vernachlässigt die Glieder höherer Ordnung, dann folgt aus dem Vergleich von (4.5) und (4.6)

$$\alpha = \alpha_1 + \alpha_2. \tag{4.7}$$

Der Druckkoeffizient α ist in der Regel sehr klein. Er wird vom Temperaturkoeffizienten γ der meisten Materialien weit übertroffen. Der Temperaturkoeffizient γ beschreibt die Temperaturabhängigkeit des elektrischen Widerstandes gemäß

$$\varrho = \varrho_0(1 + \gamma \Delta T), \tag{4.8}$$

wobei ΔT die Temperaturdifferenz zwischen einer Bezugstemperatur (0°C oder 20°C) und der Temperatur des Metalls ist. Deshalb können für Widerstandsmanometer nur Materialien mit kleinem Temperaturkoeffizienten benutzt werden.

Beispiel Manganin:

$$\alpha = 2{,}5 \cdot 10^{-11}\,\mathrm{Pa}^{-1},$$
$$\gamma = 10^{-5}\,\mathrm{K}^{-1}.$$

Eine Druckerhöhung von $4 \cdot 10^5$ Pa ändert den elektrischen Widerstand in gleicher Weise wie eine Temperaturerhöhung um 1 K. Man erkennt hieraus die große Bedeutung der Thermostatierung der Messungen.

Die praktische Ausführung eines Widerstandsmanometers zeigt Abb. 4.9. Der Widerstand W hat die Form einer Schraubenfeder. Oft wird er auch in Form einer induktionsarmen Spule gewickelt. Die hochdruckdichte Einführung eines solchen Widerstandsmanometers ist sehr schwierig. Sie wird häufig auf folgende Weise gelöst: Das elektrische Anschlußstück besitzt auf der Hochdruckseite eine konische Bohrung, die durch eine dünne

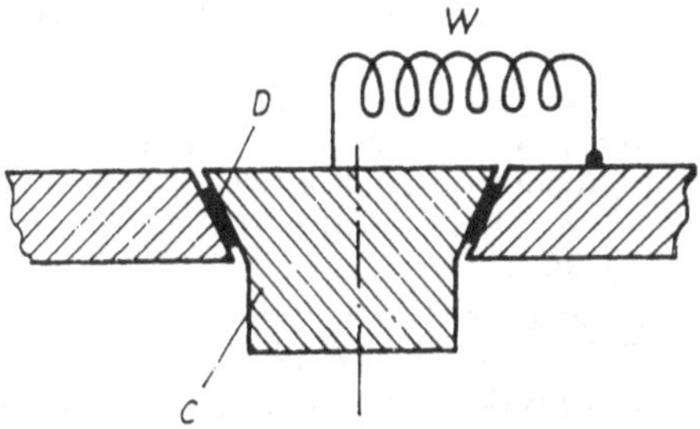

Abb. 4.9. Widerstandsmanometer, W = Widerstand, D = kegeliges Anschlußstück der Innenelektrode C

Isolierschicht ausgekleidet ist. Die Innenelektrode C trägt auf der Hochdruckseite das kegelige Gegenstück D. Durch den hohen Druck wird der Kegel in den Konus gepreßt. Als Widerstandsmanometer benutzt man meist Manganinspulen mit einem Widerstand von $R_0 = 100$ Ohm. Infolge des kleinen Druckkoeffizienten für den elektrischen Widerstand ist eine sehr präzise Widerstandsmessung nötig. Damit der Widerstand der Zuleitungen und dessen Änderung nicht das Ergebnis verfälschen, mißt man den Stromfluß durch das Widerstandsmanometer, das man mit einem Normalwiderstand in Reihe schaltet. Durch Kompensationsverfahren wird der Spannungsabfall über dem Widerstandsmanometer gemessen.

Literaturverzeichnis

[1] Autorenkollektiv unter Ltg. von Chr. EDELMANN und H. G. SCHNEIDER: Vakuumphysik und -technik, Akademische Verlagsgesellschaft Geest und Portig, Leipzig 1978
[2] Autorenkollektiv unter Ltg. von H. BOLLINGER und W. TEUBNER: Industrielle Vakuumtechnik, VEB Deutscher Verlag der Grundstoffindustrie, Leipzig 1980
[3] TAMARU, K.: Dynamic Heterogeneous Catalysis, Academic Press, London 1978
[4] MÖNCH; G. Chr.: Neues und Bewährtes aus der Hochvakuumtechnik, W. Knapp-Verlag, Halle 1959
[5] JAECKEL, R.: Kleinste Drucke, ihre Messung und Erzeugung Springer-Verlag Berlin, Göttingen, Heidelberg 1952
[6] KOHLRAUSCH, F.: Praktische Physik, Bd. 2, B. G. Teubner, Leipzig 1951
[7] FINKELNBURG, W.: Einführung in die Atomphysik, Springer-Verlag 1954

Weiterführende Literatur

[8] WUTZ, M.: Theorie und Praxis der Vakuumtechnik, Fr. Vieweg u. Sohn, Braunschweig 1965
[9] DUSHMAN, S.: Scientific Foundations of Vacuum Technique, Ed.: J. M. Lafferty, J. Wiley and Sons, Inc. New York 1962
[10] v. ARDENNE, M.: Tabellen zur Angewandten Physik, Bd. II, 3. Aufl.,
VEB Deutscher Verlag der Wissenschaften, Berlin 1975
[11] ESPE, W.: Werkstoffkunde der Hochvakuumtechnik, 3 Bände, VEB Deutscher Verlag der Wissenschaften, Berlin 1959–1961
[12] ROTH, A.: Vacuum Sealing Techniques,
Pergamon Press, London, New York 1966

[13] HOLLAND, L., STECKELMACHER, W., YARWOOD, J.: Vacuum Manual, E. and F. N. Spon, London 1974
[14] REDHEAD, P. A., J. P. HOBSON, E. V. KORNELSEN: The, Physical Basis of Ultrahigh Vacuum, Chapman and Hall London 1968
[15] O'HANLON, J. F.: A Users Guide to Vacuum Technology, J. Wiley and Sons, New York 1980
[16] BRIDGMAN, P. W.: The Physics of High Pressure, Dover Publications, Inc. New York 1970

Sachverzeichnis

Abpumpverfahren 150
— mit direkter Gasstrommessung 150
— mit indirekter Gasstrommessung 150
Absorption 32
Abstoßungskräfte 33
Adsorbat 32
Adsorbens 32
Adsorption 32
Adsorptionsisotherme 47
Adsorptiv 32
Akkommodationszahl 31
Anregungsbarriere 37
Arbeitsschutzanordnung 152
Atomsonden-Feldionenmikroskop 102
Auflösungsvermögen eines Massenspektrometers 95
—, Prozent-Anteil-Definition 95
—, Prozent-Linienbreiten-Definition 95
—, Prozent-Tal-Definition 95
—, Unit Resolution 95
Außendruck, Prinzip des kontinuierlich variablen 164
Auslaßventil 116
Ausstoßventil 118
Ausströmungen 112
AVOGADROsche Zahl 20

Badkryopumpe 141
Baffle 145
BAYARD-ALPERT-Ionisationsmanometer 71
BENNETT-REDHEAD-Massenspektrometer 102
BERNOULLIsche Gleichung 123
BET-Isotherme = BRUNAUER-EMMETT-TELLER-Isotherme 47
Bildladung 33
BLEARS-Effekt 83
BOLTZMANN-Konstante 19, 20
BOURDON-Rohr 50, 171
BOYLEsche Gesetz 116
Bruchstückionen 110

CARTER-LECK-Effekt 82
Chemisorption 37, 38, 131
—, aktivierte 38
—, nichtaktivierte 38
CLAUSIUS-CLAPEYRONsche Gleichung 18
Conflat-Verbindung 147
Coulombkräfte 32
Cryotrapping 142

Dampf 16
Dampfstrahlpumpe 123
Desorption 41
—, 1. Ordnung 41
—, 2. Ordnung 41

Desorptionsquerschnitt, totaler (für Elektronenstoßdesorption) 42
— für Photodesorption 45
— für Ionenstoßdesorption 46
Desorptionsrate 41
Desorptionsrate, flächenspezifische 41
Desorptionsstrom 112
Drehkolbenpumpe 120
Drehschieberpumpe 116
Drehvakuummeter 58, 59
Druck, dynamischer 168
—, effektiver 140
—, hydrostatischer 168
—, kritischer 17
—, quasihydrostatischer 166
Druckbereich (bei Partialdruckmeßgeräten)
—, obere Grenze 94
—, untere Grenze 94, 95
Druckdefinition 13
Druckformel 24
Druckkoeffizient des el. Widerstandes 172
Druckpumpe 161
Druckschraube 162
Druckstufe 125
Druckübertrager, fester 165
—, flüssiger 161
Druckwaage 169
Druckwandler 94
Differentialkolben 169
Diffusionsgleichung 29
Diffusionskoeffizient 29
Diffusionspumpe 125f.
Diffusionsvorgang 27
Diffusor 124
Diodenpumpe 137
Dipolkräfte 32
Dispersionskräfte 32

Einströmung 112
Elektronenstoßdesorption 42
Empfindlichkeit eines Massenspektrometers 96
Enddruck, stationärer 113
Erinnerungseffekt 136
Extraktionsprinzip 77
Extraktormanometer
— nach Groszkowski 77
— nach Helmer und Hayward 76
— nach Redhead 75

Faktor, präexponentieller 41
Ficksches Gesetz, 1. 29
—, 2. 29
Flansche 148
Flanschverbindung mit Gummidichtung 147
Flugzeit-Massenspektrometer (= TOF-Massensp.) 100
Flüssigkeitsmanometer 53
Förderpumpen 129
Fraktionierung des Öls 125

Gas, ideales 15
—, reales 16
Gasabgabe 48, 147, 148
—, diffusionsgesteuerte 48
—, desorptionsgesteuerte 48
— des Ionisationsmanometers 83
Gasabgaberate 48
—, spezifische 48
Gasadsorption an den Elektroden eines Ionisationsmanometers 83
Gasaufzehrung beim Glühkatoden-Ionisationsmanometer 83
—, elektrische 83
—, chemische 83

Gasaufzehrung beim Kaltkatoden-Ionisationsmanometer 91
Gasballast 118
Gaskonstante 15
Gasmenge 111
Gasstromstärke 111
Gasströmungen 112
Gasteilchen 15
Gele 131
Geschwindigkeit, wahrscheinlichste 21
Geschwindigkeitsbetrag, Mittelwert des 20
Geschwindigkeitsquadrat, Mittelwert des 20
Geschwindigkeitsvektor, Mittelwert des 20
Geschwindigkeitsvektor 19,20
Geschwindigkeitsverteilung nach MAXWELL 19
Getter 134
Glühkatoden-Ionisationsmanometer 66
Grenzenergie für Ionendesorption 43

Haftzentren 40
HAGEN-POISEUILLEsches Gesetz 113
Halogenleckschnüffler 152
Haubentest 154
Helium-Leckschnüffler 152
Heliumtestleck 154
HENRYsches Gesetz 46
Hilfskatoden 88
Hochdruckdichtung 165
Ho-Faktor 128
Hubkolbenpumpe 116

Impulstransport 30
Ionengetterpumpe 134
Ionenstrahlätzen 46
Ionenzerstäuberpumpe 136
Ionisationsmanometer 66ff.
Ionisierung, spezifische 66, 67
Isotherme 16
Isotherme, kritische 17

Katode, durchbrennsichere 81
Kaltkatoden-Ionisationsmanometer 83ff.
Kegelschliffverbindung 147
KINGDON-Bahnen 139
Koeffizient der inneren Reibung 30
Kolbenmanometer 169
Kompressionsmanometer 56
— nach McLEOD 56
Kondensationspumpe 140
Kondensator 144
Korngrenzendiffusion 48
Kontaminationsschichten 91
Kräfte, elektrostatische 32
Kryosorptionspumpe 143
Kryopumpe 139
Kühlfalle 145
Kugelschliffverbindung 147

LANGMUIR-Isotherme 47
Laufzeit-Massenspektrometer 100
Laufzeit-Resonanz-Massenspektrometer 102
Lavaldüse 124
Leck 149
—, reelles 149
—, virtuelles (scheinbares) 149
Leckreta 149, 150
—, Bestimmung der 149
Leckratenmessung mit der Druckanstiegsmethode 150
Leckstrom 112

Lecksuche 149, 153
— mit Halogenlecksucher 153, 155
— mit Massenspektrometern 153, 154
— mit Totaldruckmeßgeräten 156
LENNARD-Jones-Potential 35

Magnetron-Manometer (nach REDHEAD) 86
—, inverses 86, 87 ff.
Manometer 24
Masse, spezifische 110
Massenbereich 94
Massenfilter 105
Massenspektrometer
—, doppelfokussierendes 99
—, dynamisches 100
—, einfachfokussierendes 97, 98
—, statisches 97
Maßeinheiten 12
— des Druckes 14, 15
Membranmanometer 52
Memory-Effekt 136
Mengendurchsatz 111
Mischraum 123
Modulatorprinzip 72
Molekularpumpe 129
Molekularsieb 131
Molekülmasse, relative (= Molekulargewicht) 16
Monopol-Massenspektrometer 108
Molekularsieb 143
Metallfaltenbalg 147, 148

Oberflächenbedeckung 38
Oberflächendiffusionskonstante 40
Olive 147
Omegatron 104
Orbitronpumpe 138, 139
Ordnung des Desorptionsprozesses 41
Ozalidpapier 152

Partialdruck 18, 19
—, kleinster nachweisbarer 96
Partialdruckverhältnis 96
Partialdruckmeßgeräte 91 ff.
Pendelionen-Massenspektrometer 109
PENNING-Manometer 85
Permeation 49, 50
Permeationskonstante 50
Pfeifenstein, indianischer 165
Photodesorption 45
Photoelektronenkonstante 71
Physisorption 131
PIRANI-Manometer 62
Platin-Halogen-Lecksucher 155
Presse, hydraulische 164
Pumpe 111
Punkt, kritischer 17
Pyrophyllit 165

Quadrupol-Massenspektrometer (PAUL und STEINWEDEL) 105 ff.

Radiometermanometer 63
— nach KNUDSEN 64
Reibungsmanometer 63
Relativempfindlichkeit 82
Repulsionskräfte 33
REYNOLDSsche Zahl 113
RICE-Effekt 155
Röhrenfedermanometer (BOURDON-Rohr) 50
Röntgenstrahlhypothese 60
Rootspumpe 121
Rotor 117, 118

Sättigungsdampfdruck 18
SAHA-LANGMUIR-Gleichung 155
Saugvermögen 113
—, effektives 113
Schaumbildner 151
Schieber 116, 117
Schliff 148
Schöpfraum 118
SCHULZ-PHELPS-Ionisationsmanometer 79, 80
Siedegefäß 125
SIMS = Sekundärionen-Massenspektrometrie 46
Sorption 32
Sorptionsmittel 144, 32
Sorptionsfalle 143
Sorptionspumpe 131 ff.
Sorptionsstrom 112
Speicherpumpe 131
Sperrschieberpumpe 120
Sputtern 46
Stator 117, 118
Staudüse 123, 124
Strömung, molekulare
— durch lange Rohre 114
— durch Lochblenden 114
Strömung, viskose 113
— durch Lochblenden 114
Strömungsleitwert 114
Strömungswiderstand 114
SUTHERLAND-Konstante 26

Teilchendichte, mittlere 21
Teilchenstrom 111
Temperatur, kritische 17
—, thermodynamische 12
Temperaturkoeffizient des elektrischen Widerstandes 172
Testgas 152
thermoelektrisches Manometer 62
Titansublimationspumpe 134
Totaldruckmeßgeräte 50
Totaldruckmessung 50
Totaldruckmeßgeräte, Einsatzbereich von 91, 92
Treibdüse 123, 124
Treibdampf 125, 124
Treibmittel 123, 124
Treibmittelkreislauf 124
Treibmittelpumpen 123
Trioden-Ionisationsmanometer 69
Triodenpumpe 136, 137
Turbomolekularpumpen 129, 130, 131

U-Rohr-Manometer
—, offenes 53
—, geschlossenes 54
—, flach geneigtes 55
Überdrucklecksuche 151
Übertragungsflüssigkeit 161, 164
Ultrahochvakuum 148

Vakuummeter 24
Valenzkraft 33
VAN-DER-WAALS-Kräfte 32
Ventilpresse 161
Ventilschlagen 118
Verdampferpumpe 141
Verdrängerpumpen 116
Verweilzeit 39
Vielstempelapparatur 166
Volumen, kritisches 17
Volumendiffusion 48
Volumendurchsatz 111
Volumenstoßrate 24

Wärmeleitfähigkeit, spezifische, eines Gases 31
— eines Festkörpers 161
Wärmeleitungsmanometer 59
Wärmestrom 30
Wandstoßfrequenz, mittlere flächenspezifische 21
Wandstoßrate, mittlere flächenspezifische 21
Wasserringpumpe 122
Wasserstrahlpumpe 123
Wechselwirkungsenergie 33
Weglänge, mittlere freie 25
—, Temperaturabhängigkeit der 26
Widerstandsmanometer 173

Zeitkonstante 113
Zeolithfalle 143, 145
Zündverzögerung 91
Zustandsgleichung
— für ideale Gase 15
— nach VAN DER WAALS 16
Zweistempelapparatur 166
Zwischengebiet (Gasströmungen) 115
Zykloidenmassenspektrometer (BLEAKNEY und HIPPLE) 99, 100

ISSN 0084-098X

Der Autor

- erläutert die für die Vakuummessung und -erzeugung relevanten physikalischen Erscheinungen und Gesetzmäßigkeiten

- legt die verschiedenen Methoden für die Total- und Partialdruckmessung im Vakuumbereich dar

- behandelt die verschiedenen Verfahren zur Vakuumerzeugung und geht auf die Lecksuche an Vakuumanlagen ein

- beschreibt Methoden zur Erzeugung und Messung hoher Drücke

WISSENSCHAFTLICHE TASCHENBÜCHER